工程建设标准宣贯培训系列丛书

建筑施工易发事故
防治安全图解

于海祥　周雪梅　主编

中国建筑工业出版社

图书在版编目(CIP)数据

建筑施工易发事故防治安全图解/于海祥，周雪梅主编.
—北京：中国建筑工业出版社，2019.8
（工程建设标准宣贯培训系列丛书）
ISBN 978-7-112-23788-3

Ⅰ．①建…　Ⅱ．①于…②周…　Ⅲ．①建筑施工-工程
事故-防治-图解　Ⅳ.①TU712.4-64

中国版本图书馆 CIP 数据核字（2019）第 103347 号

近年来，由于建筑施工高处作业多、交叉作业多、临时设施多，每年现场发生的施工安全事故也较多，特别是重大伤亡事故的发生，给人民的生命财产造成了严重损失。建筑施工安全生产管理的技术路线为：通过准确识别现场的危险源和危险因素，通过安全技术管理消除隐患，最终预防各类生产安全事故的发生。目前建筑与市政工程施工领域的安全技术标准门类齐全，但对生产安全事故的防治管理及技术规定，零散地分布于各类专业技术标准中，安全管理人员准确把握这些浩若烟海的技术规定难度较大。

为抓住安全技术管理的主要矛盾，帮助安全管理人员高效理解与事故防范相关的基本技术规定，最新发布的行业标准《建筑施工易发事故防治安全标准》JGJ/T 429—2018（以下简称《标准》）对施工现场易发、频发的 11 类事故进行系统、全面辨识，强调底线意识，按分部分项，对预防事故提出主要预防和控制措施。为帮助建筑业广大从业人员准确理解《标准》的安全技术条文，提高预防施工现场易发安全事故的技术管理水平，《标准》主编单位组织编写了《建筑施工易发事故防治安全图解》一书。本书是《标准》的重要配套读物，以漫画的形式逐条、逐款给出了房屋建筑工程施工各安全技术规定的图解，全书 300 余幅图片重点突出地表达出了各分部分项工程、施工临时设施正面或反面的技术控制要点，易于起到警示作用，通俗易懂，对标准作了全面、准确、生动的阐述，可供建筑施工企业安全管理人员和作业人员学习使用，也可作为安全监督部门人员的参考用书。

责任编辑：何玮珂　杨　杰
责任校对：芦欣甜

工程建设标准宣贯培训系列丛书
建筑施工易发事故防治安全图解
于海祥　周雪梅　主编
*
中国建筑工业出版社出版、发行（北京海淀三里河路 9 号）
各地新华书店、建筑书店经销
北京红光制版公司制版
北京建筑工业印刷厂印刷
*
开本：787×960 毫米　1/16　印张：20　字数：401 千字
2019 年 9 月第一版　2019 年 9 月第一次印刷
定价：**58.00** 元
ISBN 978-7-112-23788-3
（34099）

本书编写委员会

主　　编：于海祥　周雪梅

编写人员：周建元　韩继琼　刘　忠　黄章建　刁　波　徐　涛
　　　　　罗邱鹏

参编单位：重庆建工集团股份有限公司设计研究院
　　　　　重庆建工第九建设有限公司

前　言

近年来，随着我国基础建设规模的不断扩大和建设领域新技术的不断创新，施工现场施工工艺日渐复杂，施工装备日益大型化等一系列变化，对施工安全生产不断提出新的要求。与此同时，由于建筑施工高处作业多、交叉作业多、临时设施多，每年现场发生的施工安全事故也较多，特别是重大伤亡事故的发生，给人民的生命财产造成了严重损失。尽管目前主管部门和相关企业都采取了一系列防控措施加强安全管理工作，建筑施工安全技术标准已较为完善，企业安全管理规章制度也日趋完善，总体死亡事故有所减少，但仍有较多的管理和技术问题需进一步完善。

安全管理最终目的是预防各类生产安全事故的发生。以往，在房屋建筑和市政工程施工中，对生产安全事故的防治管理及技术规定，零散地分布于种类繁多的各类专业技术标准中，且相关技术规定浩若烟海，现场安全管理人员系统掌握这些技术标准较为困难。为抓住安全技术管理的主要矛盾，帮助安全管理人员高效理解与事故防范相关的基本技术规定，新发布的行业标准《建筑施工易发事故防治安全标准》JGJ/T 429—2018（以下简称《标准》）对施工现场易发、频发的事故进行系统、全面辨识，强调底线意识，按分部分项对预防事故提出主要预防和控制措施。标准针对的易发事故，是根据建设行政主管部门历年的施工安全事故统计结果，按事故发生频率高、死亡人数占比大的原则确定的生产安全事故。根据《企业职工伤亡事故分类》GB 6441 的规定，房屋建筑与市政工程施工主要涉及的事故类别，按照易发频率高低，主要有物体打击、车辆伤害、机械伤害、起重伤害、触电、淹溺、火灾、高处坠落、坍塌、冒顶片帮、透水、爆炸、放炮、中毒和窒息共 14 类事故。据统计 2014 年至 2018 年上述易发事故中，高处坠落、物体打击、坍塌、起重伤害占总事故数量的 85% 以上，其中高处坠落就占 45% 左右，故上述伤害事故是事故预防的重点。

为帮助建筑业广大从业人员准确理解《标准》的安全技术条文，提高预防施工现场易发安全事故的技术管理水平，《标准》的主编单位组织编写了《建筑施工易发事故防治安全图解》一书。本书是行业标准《建筑施工易发事故防治安全标准》JGJ/T 429 的重要配套读物，以漫画的形式逐条、逐款给出了房屋建筑工程施工各安全技术规定的图解，全书 300 余幅图片重点突出地表达出了各分部分项工程、施工临时设施正面或反面的技术控制要点，易于起到警示作用，通俗易懂，对标准作了全面、准确、生动的阐述，可供建筑施工企业安全管理人员和作业人员学习使用，也可作为安全监督部门人员的参考用书。

　　本书由《标准》的主要起草人于海祥主编，作者长期从事房屋建筑与市政工程设计与施工工作，并作为主编人编制过多部工程建设安全技术类标准，对施工现场安全生产事故的防治管理有切身的体会。本书的编制离不开团队的协作，感谢积极参与本书具体章节编制的同志们，他们在兼顾繁忙日常工作的同时，为本书的成稿付出了艰辛的努力。

　　由于施工现场安全管理技术环节多，很多事故防范技术难度大；新技术日新月异，对施工现场安全技术管理不断提出新要求；安全技术新的标准不断制定，原有标准不断修订，一本图解类图书很难准确、全面覆盖施工现场所有的安全技术要点；加之作者水平有限及经验不足，书中难免会有不足、过时或疏漏之处，恳请广大工程技术人员批评指正。

目　　录

第1章　坍塌事故防治

1.1　一 般 规 定

【条文规定】

4.1.1　施工现场物料堆放应整齐稳固，严禁超高。模板、钢管、木方、砌块等堆放高度不应大于2m，钢筋堆放高度不应大于1.2m，堆积物应采取固定措施。

【安全技术图解】

【条文解释】

规定施工现场物料堆放的高度，是为了防止因堆料超高而造成的坍塌伤人事故，钢管、钢筋的堆放可用钢管或槽钢搭设的专业堆放架进行堆放。

【条文规定】

　　4.1.2　建筑施工临时结构应遵循先设计后施工的原则，并应进行安全技术分析，保证其在设计规定的使用工况下保持整体稳定性。

【安全技术图解】

【条文解释】

　　建筑施工临时结构先设计后施工是保证施工安全的前提，许多施工单位施工前不做安全技术分析，凭经验进行施工和使用，或者在施工和使用过程中随意违反设计规定，容易导致安全事故的发生。建筑施工临时结构安全技术分析应符合现行国家标准《建筑施工安全技术统一规范》GB 50870 的相关规定。

【条文规定】

　　4.1.3　楼板、屋面等结构物上堆放建筑材料、模板、小型施工机具或其他物料时，应控制堆放数量、重量，严禁超过原设计荷载，必要时可进行加固。

【安全技术图解】

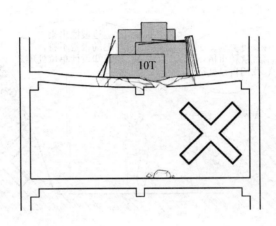

【条文解释】

　　堆放材料或机具等超荷是导致楼板等结构物垮塌的主要原因。当物料或机具等堆放在既有结构上，应严格按照设计荷载进行堆放；当堆放在新建结构上时，应考虑结构实际龄期对应的混凝土强度。不管在既有结构还是新建结构堆放材料或机具，均应分开分散堆放，避免集中堆放。

【条文规定】

　　4.1.4　在边坡、基坑、挖孔桩等地下作业过程中，土石方开挖和支护结构施工应采用信息施工法配合设计单位采用动态设计法，及时根据实际情况调整施工方法及预防风险措施。

【安全技术图解】

【条文解释】

　　由于岩土工程不可预见性较多，动态设计法、信息法施工是岩土工程施工的基本原则。动态化设计是指根据场区环境和工程地质条件的特点，提出相应的设计方案，并根据施工中出现的具体问题和监测结果不断修改方案，进行优化设计的方法。在边坡、基坑、挖孔桩等地下作业过程中，现场实际与设计可能出现偏差，且施工作业受环境影响大，采用动态施工法，可以有效减少工程事故，保证工程的质量和安全，有时还能提高工程效益。

【条文规定】

4.1.5 施工现场应进行施工区域内临时排水系统规划，临时排水不得破坏挖填土方的边坡。在地形、地质条件复杂，可能发生滑坡、坍塌的地段挖方时，应确定排水方案。场地周围出现地表水汇流、排泄或地下水管渗漏时，应采取有组织堵水、排水和疏水措施，并应对基坑采取保护措施。

【安全技术图解】

这边怎么不按规定设置截排水设施呢？看，边坡都要被冲垮了！

【条文解释】

临时排水设施是基坑工程施工中极其重要的技术措施，许多施工单位往往未引起足够重视，现场少设、漏设排水沟，致使地表水受冲刷、浸泡造成土方破坏或边坡塌方，从而导致安全事故发生。

【条文规定】

　　4.1.6　当开挖低于地下水位的基坑和桩孔时，应合理选用降水措施降低地下水位，并应编制降水专项施工方案。

【安全技术图解】

【条文解释】

　　工程实践表明，绝大部分基坑事故都与地下水有关，因此对地下水的处理尤其重要。当开挖完成面低于地下水位的基坑和桩孔时，如果未采取有效的降水措施，土层将因受地下水的影响而湿化，内聚力降低，在重力作用下失去稳定而引起塌方或塌坡。同时降水施工专业性较强，若控制不当，易引起周边建筑物沉降或开裂，因此，降水应进行专项设计。在施工过程中，应严格按降水设计和施工方案进行施工。

【条文规定】

4.1.7 施工现场物料不宜堆置在基坑边缘、边坡坡顶、桩孔边，当需堆置时，堆置的重量和距离应符合设计规定。各类施工机械距基坑边缘、边坡坡顶、桩孔边的距离，应根据设备重量、支护结构、土质情况按设计要求进行确定，且不宜小于 1.5m。

【安全技术图解】

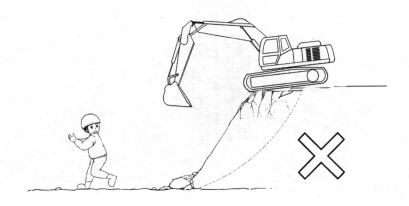

【条文解释】

坡顶堆载是造成边坡失稳的一个重要因素，根据边坡稳定理论，在楔形体滑动面范围内均不允许施加较大荷载。施工单位在基坑施工过程中，经常由于场地布置不合理，如在基坑边缘布置物料堆场、修建临时道路等，基坑边缘、坡顶堆放的物料、车辆行驶造成附加荷载增大，易导致边坡坍塌而发生安全事故。在专项施工方案编制时，应合理布置材料堆放位置及道路位置，如因现场条件确需布置在基坑边缘，应通知设计单位根据实际荷载进行边坡稳定性计算。2005 年广州某广场基坑工程正是由于南边坑顶严重超载，造成了基坑坍塌。

【条文规定】

4.1.8　高度超过 2m 的竖向混凝土构件的钢筋绑扎过程中及绑扎完成后，在侧模安装完成前，应采取有效的侧向临时支撑措施。

【安全技术图解】

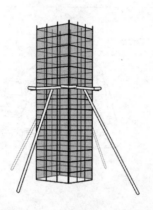

【条文解释】

对于高宽比较大的钢筋骨架，在绑扎过程中及绑扎完成后，由于钢筋骨架刚度小，抗倾覆稳定性差，需要采取如增加斜撑、抱箍及增设缆风绳等措施以保证钢筋稳定性。不然钢筋骨架易受外在因素影响出现坍塌而发生安全事故。

【条文规定】

4.1.9 较厚大的筏板、楼板、屋面板等混凝土构件钢筋施工过程中，应设置固定钢筋的稳固的定位与支撑件，上层钢筋网上堆放物料严禁超载。

【安全技术图解】

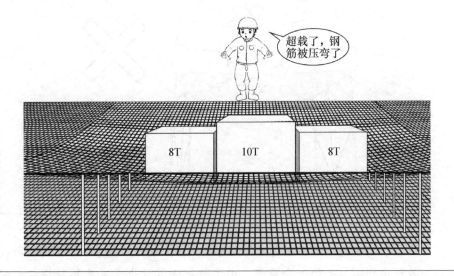

【条文解释】

设置钢筋的定位件的主要目的是在于控制混凝土构件施工完毕后的厚度。在如筏板等两层钢筋网片距离较大的构件上层堆放物料超载，会导致马凳立筋失稳产生水平位移进而致使基础底板钢筋整体坍塌，这也是造成 2014 年北京某学校工程筏板基础钢筋体系坍塌的主要原因之一。

【条文规定】

4.1.10　各种安全防护棚上严禁堆放物料，使用期间棚顶严禁上人。

【安全技术图解】

防　护　棚

【条文解释】

安全防护棚是施工现场在交叉作业场所，在上层作业坠落半径范围内所设置的一种防止物体打击的安全设施，由于防护棚设计上未考虑物料堆放等荷载，堆放物料易由于超载导致防护棚坍塌。

1.2 基坑工程

【条文规定】

4.2.1 基坑支护施工、使用时间超过设计使用年限时应进行基坑安全评估，必要时应采取加固措施。

【安全技术图解】

【条文解释】

基坑及支护作为一种临时存在的岩土结构，通常使用有效期限只有1、2年。施工过程中因停工、更换施工单位等原因造成超过其设计使用年限，极可能导致基坑支护结构（尤其是锚拉结构）严重失效，引发安全生产事故。施工单位进场前进行基坑安全评估，是基坑工程施工重要的安全技术工作之一。

【条文规定】

4.2.2　基坑施工应按设计规定的顺序和参数进行开挖和支护，并应分层、分段、限时、均衡开挖。

【安全技术图解一】

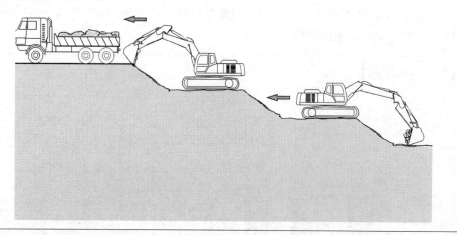

【安全技术图解二】

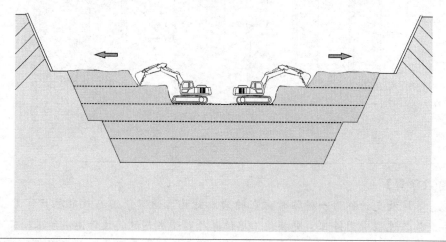

【条文解释】

基坑工程施工前，设计单位根据地勘资料及水文资料进行验算，会在基坑设计文件中明确开挖与支护的顺序和参数，土方分层、均衡开挖，保证基坑的边坡、支护结构受力连续均匀；分层、分段、限时均衡开挖是为了减少岩土体的暴露时间，以便于在开挖新的岩土体前，及时支护已开挖部分。通常基坑垮塌安全事故中，盲目开挖、不按设计规定的步序操作、边坡搁置时间长、支护受力不均是主要致灾的原因。

【条文规定】

4.2.3 自然放坡的基坑，其坡率应符合设计要求和现行行业标准《建筑施工土石方工程安全技术规范》JGJ 180 的规定。

【安全技术图解】

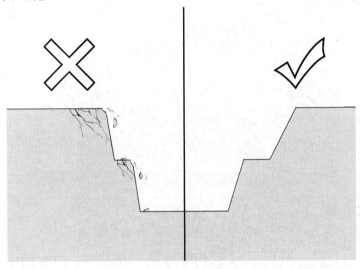

【条文解释】

对各类岩土质基坑，当场地具备大放坡条件时，可采用坡率法支护。自然放坡的基坑，坡率控制是关键，如土方开挖时坡率控制不好，出现开挖深度大于设计深度或基坑坑壁坡率大于设计值的情况，将会导致基坑坑壁处于不稳定的状态，容易出现坑壁坍塌。自然放坡的坡率一般在基坑支护设计文件中给出，当设计未给出时，挖方深度在 5m 以内的基坑（槽）或管沟的边坡最陡坡度（不加支撑）可参照下表执行：

基坑边坡推荐坡率

岩土类别	边坡坡度（高：宽）		
	坡顶无荷载	坡顶有静载	坡顶有动载
中密的砂土、杂素填土	1：1.00	1：1.25	1：1.50
中密的碎石类土（充填物为砂土）	1：0.75	1：1.00	1：1.25
可塑状的黏性土、密实的粉土	1：0.67	1：0.75	1：1.00
中密的碎石类土（充填物为黏性土）	1：0.50	1：0.67	1：0.75
硬塑状的黏性土	1：0.33	1：0.50	1：0.67
软土（经井点降水）	1：1.00	—	—

【条文规定】

4.2.4　采取支护措施的基坑，应按设计规定的支护方式及时进行支护。支护结构施工前应进行试验性施工，并应将试验结果反馈设计单位，及时调整设计方案、施工方法。

【安全技术图解一】

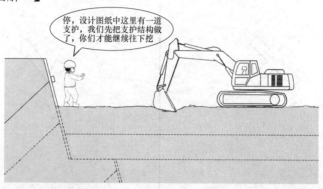

【安全技术图解二】

【条文解释】

基坑开挖顺序与支护方式密切相关，一般而言采取桩板、桩锚支护结构时，应在抗滑桩施工完成后再开挖土体；采取锚拉支护、对顶支护（水平支撑）等支护方式时，应在每层岩土体开挖后，在支护结构的设计位置及时施工支护结构，即自上而下的逆作法支护施工。总而言之，基坑施工应按设计规定的支护方式及时进行支护。

基坑开挖和支护实行动态管理和信息法施工。支护结构的选择应根据工程实际情况，经设计计算确定，且支护结构变形应在设计允许范围内。支护结构施工与场地的地质条件密切相关，具有一定的不可预见性，进行试验性施工，可以获取更真实详细地质水文资料及施工参数，确保支护施工的安全性。

【条文规定】

4.2.5 锚杆（索）施工前应进行现场抗拉拔试验，施工完成后应进行验收试验。

【安全技术图解】

【条文解释】

由于岩土体的不确定性，锚杆和锚索的锚固性能难以事先通过理论计算确定，因此锚杆或锚索施工前应通过现场抗拉拔试验确定设计参数和施工工艺的合理性。由于锚杆或锚索的实际锚固承载力对确保基坑稳定极为重要，因此为保证基坑支护安全，施工完成后应按规定的取样比例实施抗拉拔试验以确定锚固的有效性，按照《建筑基坑支护技术规程》JGJ 120—2012 的规定，锚杆的检测应符合下列规定：1 检测数量不应少于锚杆总数的 5%，且同一土层中的锚杆检测数量不应少于 3 根；2 检测试验应在锚杆的固结体强度达到设计强度的 75%后进行；3 检测锚杆应采用随机抽样的方法选取；4 检测试验的张拉值应按下表（锚杆的张拉值）取值；5 检测试验应按 JGJ 120—2012 附录 B 的验收试验方法进行；6 当检测的锚杆不合格时，应扩大检测数量。

锚杆的检测试验张拉值

支护结构的安全等级	锚杆张拉值与轴向拉力标准值 N_k 的比值
一级	1.4
二级	1.3
三级	1.2

【条文规定】

4.2.6 基坑支护结构应在混凝土达到设计要求的强度，并在锚杆（索）、钢支撑按设计要求施加预应力后，方可开挖下层土方，严禁提前开挖和超挖。

【安全技术图解一】

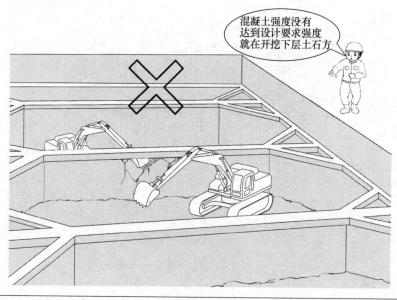

【安全技术图解二】

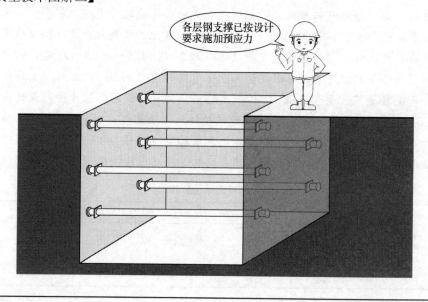

【安全技术图解三】

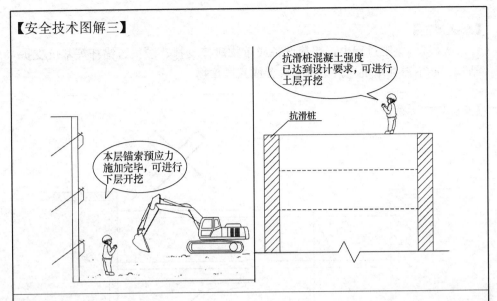

【条文解释】

  基坑下层土方开挖需要上层支护结构达到设计规定的强度和预应力后方可进行，否则支护结构的承载力将不足，会造成支护结构失稳破坏而导致基坑坑边土体塌陷，引起坍塌。

【条文规定】

4.2.7 施工过程中,严禁设备或重物碰撞支撑、腰梁、锚杆等基坑支护结构,亦不得在基坑支护结构上放置或悬挂重物。

【安全技术图解】

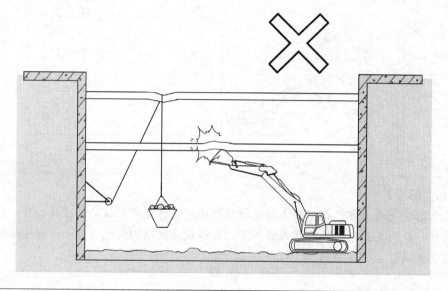

【条文解释】

基坑施工过程中,由于受空间限制,各类土方机械作业往往受各类支护结构(尤其是内支撑结构)的影响,操作过程中如不严加控制,各类机械设备容易碰撞支护结构,从而导致支护结构部分失效或全部失效。同样道理,也不允许在支护结构上设置或悬挂重物。

【条文规定】
　4.2.8　拆除支护结构时应按基坑回填顺序自下而上逐层拆除，随拆随填，必要时应采取加固措施。

【安全技术图解】

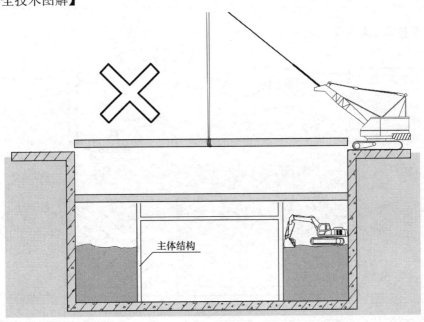

主体结构

【条文解释】
　　基坑支护是为保证地下结构施工及基坑周边环境的安全，对基坑侧壁及周边环境采用的支挡、加固与保护措施。基坑内地下结构工程施工完成，并将基坑与地下结构外墙间空隙回填后方可拆除支护结构。需注意的是，拆除只是针对内支撑等支护结构。如果支护结构在基坑周边岩土内，如支护桩、锚杆、土钉等则不需要拆除，除特别有要求的除外（如可回收锚杆等）。不按回填顺序和受力情况拆除支撑结构，极易造成边坡失稳或支护结构破坏，发生事故。

【条文规定】

4.2.9 基坑支护采用内支撑时，应按先撑后挖、先托后拆的顺序施工，拆撑、换撑顺序应满足设计工况要求，并应结合现场支护结构内力和变形的监测结果进行。内支撑应在坑内梁、板、柱结构及换撑结构达到设计要求的强度后对称拆除。

【安全技术图解一】

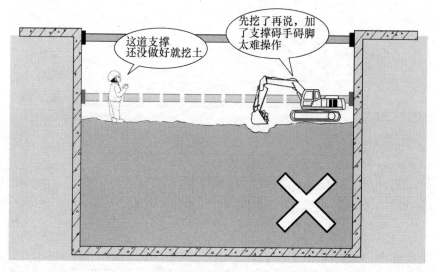

【安全技术图解二】

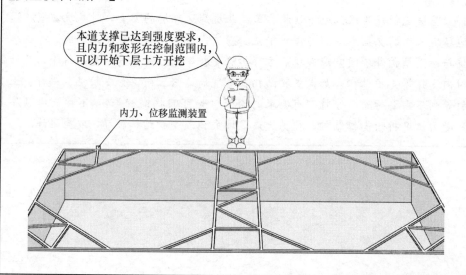

【安全技术图解三】

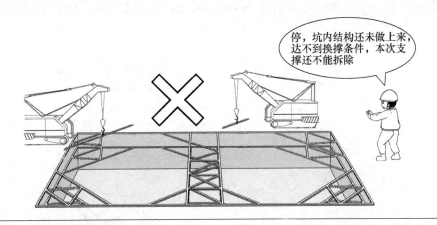

停，坑内结构还未做上来，达不到换撑条件，本次支撑还不能拆除

【安全技术图解四】

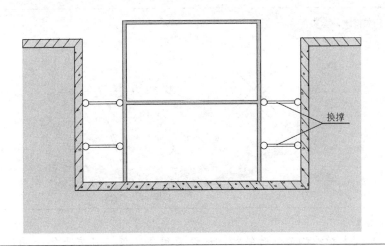

换撑

【条文解释】

　　因基坑施工条件随时在发生变化，土方开挖内支撑系统的支设与拆除应确保坑壁岩土体稳定性，基坑开挖至内支撑设置标高时，应先施作内支撑，并在混凝土支撑达到强度要求、钢支撑按设计施加预应力后，方可开挖下层土体，以确保坑壁受力与设计工况一致。同时对支护结构的内力和变形应进行监测，根据监测结果及时调整开挖与支护系数，这是确保基坑施工安全的重要条件。支撑拆除施工过程中也应加强对支撑轴力和支护结构位移的监测；变化较大时，应加密监测，并应及时统计、分析上报，必要时应停止施工并加强支撑。

【条文规定】

4.2.10 基坑开挖及支护完成后，应及时进行地下结构和安装工程施工。在施工过程中，应随时检查坑壁的稳定情况。基坑底部应满铺垫层，贴紧围护结构。

【安全技术图解一】

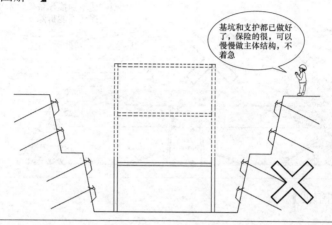

基坑和支护都已做好了，保险的很，可以慢慢做主体结构，不着急

【安全技术图解二】

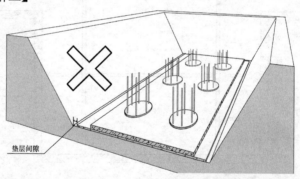

垫层间隙

【条文解释】

①基坑支护结构为临时结构，设计使用年限低，且岩土体长期暴露对边坡稳定性不利。因此，基坑开挖及支护完成后，应及时进行坑中结构施工，尽早回填，及时解除基坑安全隐患。

②在施工作业中，应经常对基坑（槽）土壁安全状况进行检查，发现土壁裂缝、剥落、位移、渗漏、土壁支护和临近建（构）筑物有失稳等险情，应及时撤出基坑（槽）内危险地带的作业人员，并采取妥善排除措施，当险情排除后才允许继续作业。

③基坑底部施工时，设计单位通常只规定在永久结构的底板外延10cm范围铺设垫层，周边的暴露土层可能会受水浸泡，土层强度降低，导致基坑蠕动挤压变形，引发事故，因此基坑底部应将垫层满铺，抵紧围护墙体，使基底土体免受水浸泡。

【条文规定】

4.2.11 当基坑下部的承压水影响到基坑安全时，应采取坑底土体加固或降低承压水头等治理措施。

【安全技术图解】

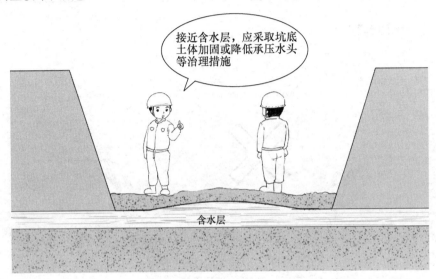

【条文解释】

承压水在隔水层薄弱处极易造成管涌和流沙，从而使得基坑边坡失稳和地基悬浮流动。坑底隆起是一种向上的位移，产生的原因一是深层土的卸荷回弹，二是由开挖形成的压力差导致的土体塑流。由于土体是连续体，坑底的隆起和围护结构的水平位移必然导致坑外土体产生沉降和水平位移，带动相邻建筑物或市政设施发生倾斜或挠曲，这些附加的变形使结构构件或管道可能产生开裂，影响使用，危及安全。一般解决的方法是对被动区土体进行加固，从而提高土体强度，减少变形，如排水加固法、水泥土搅拌法、化学灌浆法、高压喷射法等土体加固方法，这些方法同时也可解决整体稳定和坑底隆起问题。

【条文规定】

4.2.12 基坑施工应收集天气预报资料，遇降雨时间较长、降雨量较大时，应提前对已开挖未支护基坑的侧壁采取覆盖措施，并应及时排除基坑内积水。

【安全技术图解】

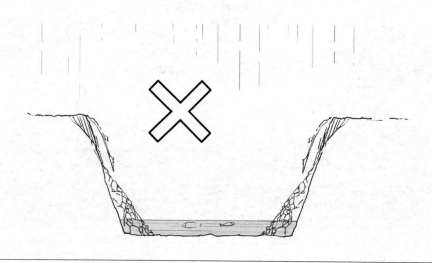

【条文解释】

本条是针对基坑防雨作出的坑壁坍塌防治规定。雨期施工，雨水侵蚀造成基坑坍塌的可能性增大，在基坑（槽）周围应采取堵水、排水措施。如遇基坑内积水，应使用潜水泵抽水排除。冬期挖土、填土，基础表面应进行覆盖保温，解冻期应检查土壁有无因化冻而失去粘聚力的塌方险情。强降雨入渗是基坑边坡变形的主要影响因素，从而造成基坑边坡垮塌等事故的发生，因此应对已开挖未支护的基坑侧壁采取覆盖等措施。

【条文规定】

4.2.13 基坑开挖、支护及坑内作业过程中，应按现行国家标准《建筑基坑工程监测技术规范》GB 50497 的规定实施监测，并应定期对基坑及周边环境进行巡视，发现异常情况应及时采取措施。

【安全技术图解】

【条文解释】

基坑开挖过程中的监控是通过布置监测点，监测基坑边坡土体的水平和垂直位移、水渗透影响、支护结构应力和应变等，基坑工程监测必须根据基坑的实际情况明确监测指标、监测概率，并确定监测报警值，现行国家标准《建筑基坑工程监测技术规范》GB 50497 对上述指标作出了具体的规定。基坑监测是提前发现坍塌事故苗头的重要技术保障。如某小区工程，对高度近20m的基坑边坡工程不作监控，由于未能及时掌握土体及支护结构的变形情况，对基坑的坍塌毫无准备，致使造成人员伤亡、重大财产损失。

1.3 边坡工程

【条文规定】

4.3.1 边坡工程应按先设计后施工、边施工边治理、边监测的原则进行切坡、填筑和支护结构的施工。

【安全技术图解】

边坡工程应先设计后施工、边施工边治理、边监测

【条文解释】

边坡工程设计与开挖支护是一个系统工程，由于边坡施工过程的阶段性和施工中诸多不明确因素，使得采用传统方法的整体评价结果和实际施工过程中边坡稳定性存在一定差异，一成不变的设计方案可能会导致工程事故。因此边坡工程必须先根据水文地质资料及现场实际情况进行设计，施工中严格按设计给定的开挖与支护顺序参数进行施工。边坡治理中，应贯彻设计和施工治理、监测相结合的原则，明确边坡在施工过程中坡体的变形特征、稳定性和支护结构的受力变化规律，以便提出有效的治理支护措施，保证施工期间的安全。

【条文规定】

4.3.2 对开挖后不稳定或欠稳定的边坡，应采取自上而下、分段跳槽、及时支护的逆作法或半逆作法施工，未经设计许可严禁大开挖、爆破作业。切坡作业时，严禁先切除坡脚，并不得从下部掏采挖土。

【安全技术图解一】

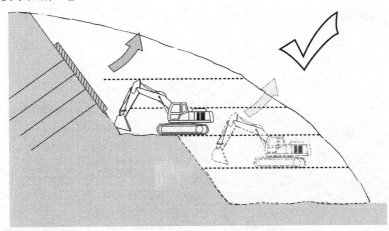

【安全技术图解二】

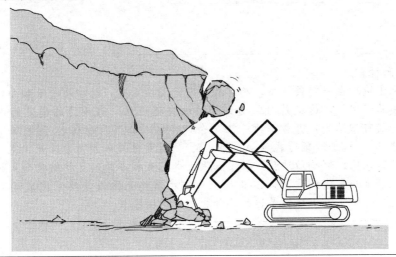

【条文解释】

"自上而下、分段跳槽、及时支护的逆作法或半逆作法施工"是欠稳定边坡施工的基本原则，如果上部已开挖部分的支护结构尚未施作或混凝土强度尚未达到要求，此时开挖下部土体极易造成已开挖边坡的坍塌。

切坡作业时，如果先切除坡脚，或从下部掏采挖土（俗称"挖神仙土"）都容易破坏坡体的稳定性引起边坡失稳。

【条文规定】

4.3.3　边坡开挖后应及时按设计要求进行支护结构施工或采取封闭措施。边坡应在支护结构达到设计要求的强度，并在锚杆（索）按设计要求施加预应力后，方可开挖或填筑下一级土方。

【安全技术图解】

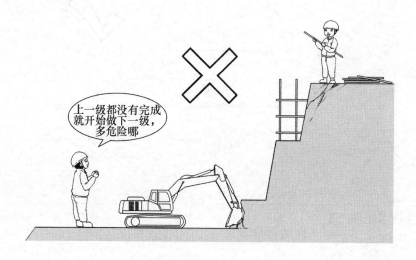

【条文解释】

土方边坡在一定条件下，局部或一定范围内沿某一滑动面向下和向外滑动而丧失其稳定性，这就是时常遇到的边坡失稳现象。影响边坡稳定的因素很多，一般可归结为：开挖深度、土质条件、水（地下、地表）、周围环境（地上、地下）、施工坡顶荷载（动、静、无）、留置时间 6 大因素。开挖完成后应避免长期暴露，影响边坡稳定性。如果上部已开挖部分的支护结构尚未施作或混凝土强度尚未达到要求，以及预应力锚拉结构未按设计要求完成预应力张拉，此时开挖下部土体极易造成已开挖边坡的坍塌。

【条文规定】

4.3.4 每级边坡开挖前，应清除边坡上方已松动的石块及可能崩塌的土体。

【安全技术图解】

【条文解释】

已经开挖形成的边坡表层，如暂时未作护坡处理，存在不安全的土层或松动石块。如果不及时清理，极可能出现小范围的崩塌、滑动破坏，造成人员伤亡和财产损失。

【条文规定】

4.3.5 边坡爆破施工时，应采取防止爆破震动影响边坡及临近建（构）筑物稳定的措施。

【安全技术图解】

【条文解释】

边坡土石方爆破施工时，爆破产生的有害效应会影响周边建（构）筑物、管线、行人及其他设施的安全，并对边坡自身的稳定产生影响，需采取措施进行控制。爆破参数的选择应结合相关的技术要求及钻孔直径、孔距、装药量、岩石的物理力学性质、地质构造、装药品种、装药结构以及施工因素等进行确定，也可根据完成的工程实际经验资料（经验类比法）或通过实地的现场试验确定。在进行药量计算时，应根据岩石类型、岩石特征、岩石坚固系数、爆破方法及实际使用的炸药品种等进行必要的换算。

【条文规定】

4.3.6 边坡坡顶应采取截、排水措施，未支护的坡面应采取防雨水冲刷措施。

【安全技术图解】

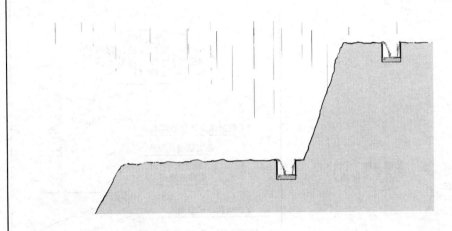

【条文解释】

边坡排水的合理布置，应有利于将水流直接引离边坡。在边坡坡顶、坡脚和水平台阶应设排水系统。可根据工程需要在坡顶设置截水沟，保证上部集水的汇流不对边坡面形成冲刷。坡顶设置截水沟，能有效防止地表水冲刷坡面及入渗坡体；坡脚设置边沟，可使排水通畅，坡脚不积水；坡面表层可采用植物防护、骨架植物防护、圬工防护等防雨水冲刷措施。

【条文规定】

4.3.7 边坡开挖前应设置变形监测点，定期监测边坡变形。边坡塌滑区有重要建（构）筑物的一级边坡工程施工时，应对坡顶水平位移、垂直位移、地表裂缝和坡顶建（构）筑物变形进行监测。

【安全技术图解】

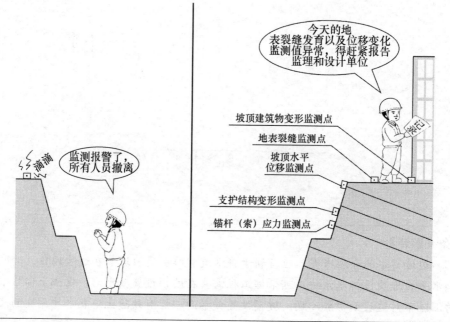

【条文解释】

由于场地条件较为复杂以及岩土工程的不确定性，施工过程应加强监测，进行动态设计和信息法施工；施工开挖所反映的真实地质情况、施工情况和边坡变形值、应力监测值等应及时反馈给设计人员，以便对原设计作校核和补充、完善，确保工程安全和设计合理；如遇现场与设计不符或需调整时，应与现场管理人员及设计人员共同解决；施工过程中若遇到不良地质情况应及时与设计及地勘单位联系。

当边坡变形过大，变形速率过快，周边环境出现沉降开裂等险情时，应暂停施工，根据险情状况采用下列应急处理措施：坡底被动区临时压重；坡顶主动区卸土减载，并应严格控制卸载程序；作好临时排水、封面处理；对支护结构临时加固；对险情段加强监测。

1.4 挖孔桩工程

【条文规定】

4.4.1 挖孔桩的施工应考虑建设场地现状、工程地质条件、地下水位、相邻建（构）筑物基础形式及埋置深度等影响。护壁应根据实际情况进行设计。当采用混凝土护壁时，混凝土的强度等级不宜低于桩身混凝土的强度等级。

【安全技术图解】

【条文解释】

人工挖孔桩技术是一种施工周期短、施工方便、施工质量高且经济实惠的桩基础施工技术。但施工时安全条件较差，施工前必须根据工程地质、水文资料、安全因素、施工条件、经济合理等条件编制安全专项施工方案，确定工艺参数和有针对性的安全保护措施。

其中，随开挖深度而继续跟进的钢筋混凝土护壁（主要用于土层及强风化岩层）是防止桩孔坍塌的主要技术措施，为确保护壁的支护能力，根据现行桩基础技术标准要求，其混凝土强度等级不宜低于桩身混凝土强度等级。

【条文规定】

4.4.2 抗滑桩在土石层变化处和滑动面处不得分节开挖，并应及时加固护壁内滑裂面。

【安全技术图解】

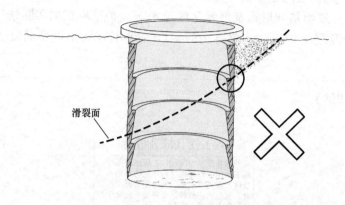

滑裂面

【条文解释】

支挡抗滑桩是为边坡稳定设置的支护结构，桩周土体本身不稳定，桩孔开挖过程中护壁承受周围土压力，还将抵抗边坡滑动方向的推力。相比基础桩，抗滑桩在开挖过程中存在的诱发桩孔坍塌的不利因素更为突出，因此其护壁应加强设计，施工缝应避开土石变化处、滑动面处等不利岩石结构面。

【条文规定】

4.4.3　基础桩当桩净距小于 2.5m 时，应采用间隔开挖。相邻排桩跳孔开挖的最小施工净距不得小于 4.5m。抗滑桩应间隔开挖，相邻桩孔不得同时开挖。相邻两孔中的一孔浇筑混凝土时，另一孔内不得有作业人员。

【安全技术图解】

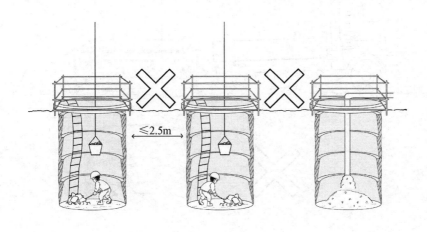

【条文解释】

基础桩的间距小于 2.5m 时，在开挖过程和混凝土浇筑过程中，对邻近桩孔侧壁产生较大的侧压力，会导致侧壁稳定性破坏而影响工程质量或对相邻桩孔内的操作人员造成伤害事故，故施工中应严格执行跳孔开挖的施工规定。所谓排桩指的是桩孔位于同一轴线上的一列桩，此时如同时开挖桩孔，则相对于非排桩条件，其对侧壁稳定性扰动更大，此时跳孔间距应大于 4.5m。需注意的是，所谓"跳孔开挖"指的是桩浇筑完成后方可开始相邻近距桩孔的开挖。

【条文规定】

  4.4.4 挖出的土石方应及时运离孔口，不得堆放在孔口周边1m范围内，机动车辆的通行不得对井壁的安全造成影响。

【安全技术图解】

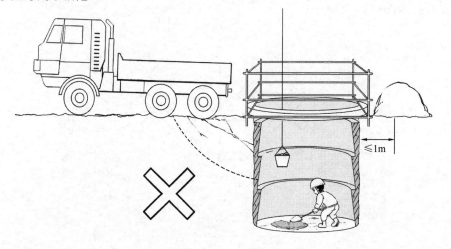

【条文解释】

  堆放在孔口周边的土石方及其他物料如离桩口距离太小，则堆载会对孔壁土体稳定性产生影响，并对护壁产生较大侧压力，且土石及物料掉落可能对孔内操作人员造成伤害事故；机动车辆距离孔口较近，产生的侧压力将会导致孔壁损坏，可能造成质量或安全事故。

【条文规定】

　　4.4.5　桩孔每次开挖深度应符合设计规定，且不得超过 1m。混凝土护壁应随挖随浇，上节护壁混凝土强度达到 3MPa 后，方可进行下节土方开挖施工。

【安全技术图解】

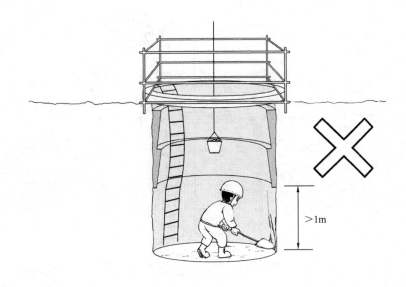

>1m

【条文解释】

　　人工挖孔桩成孔开挖以 2 人为一个小组配合，每小组一天安排 2～3 根桩进行流水作业，保证每根桩每天进尺 1～2 模。每模的高度为 1m 或 0.5m，过深的开挖会对侧壁土体稳定性产生影响。根据多年的施工经验总结，下层土方开挖时上层护壁混凝土的最低强度 3MPa 是确保护壁安全的最低要求。

【条文规定】

4.4.6　当采用混凝土护壁时，护壁模板拆除应在灌筑混凝土24h后进行，当护壁有孔洞、露筋、漏水现象时，应及时补强。

【安全技术图解】

【条文解释】

护壁混凝土浇筑24h后，通常其强度经检测能够满足大于3MPa，但具体拆模时间还应考虑天气因素。护壁孔洞、露筋、漏水等质量缺陷处理不及时，将会导致护壁承载力下降，支护能力变弱，增大孔壁坍塌风险。

【条文规定】

4.4.7 孔内作业时,孔口应设专人看守,孔内作业人员应检查护壁变形、裂缝、渗水等情况,并与孔口人员保持联系,发现异常应立即撤出。

【安全技术图解】

【条文解释】

护壁变形、裂缝、渗水等现象的出现,是护壁无法承受土体压力出现破坏的前兆,如果进一步扩大则说明坍塌风险在增加,人员不及时撤离将会造成孔内操作人员伤害事故,这也是人工挖孔桩施工重要的安全措施。

【条文规定】

4.4.8　孔口提升支架应根据跨度、提升重量进行设计计算，各杆件应连接牢固，并应设置剪刀撑。

【安全技术图解一】

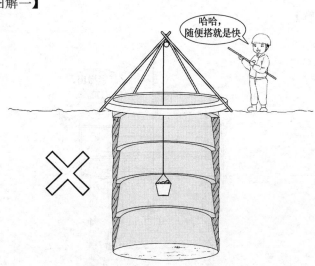

【安全技术图解二】

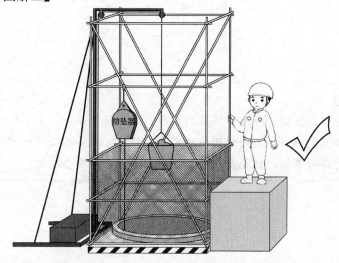

【条文解释】

孔口提升支架是孔内土石方外运的承重支架，其结构的安全性是保证孔内操作人员安全的基本要求。因此根据实际情况进行设计计算，是对挖桩孔口提升支架防坍塌提出的技术规定。

1.5 脚手架工程

【条文规定】

4.5.1 落地式钢管脚手架、附着式升降脚手架、悬挑式脚手架、桥式脚手架等应根据实际工况进行设计，应具有足够的承载力、刚度和整体稳固性。

【安全技术图解】

【条文解释】

施工现场各类脚手架都是承受荷载的临时结构，都应该满足承载力、刚度及整体稳固性的基本原则。不同工程的现场环境及结构特点均不相同，使用前应进行严格的设计避免现场凭经验进行搭设。

【条文规定】

4.5.2　脚手架应按设计计算和构造要求设置能承受压力和拉力的连墙件，连墙件应与建筑结构和架体连接牢固。连墙件设置间距应符合相关标准及专项方案的规定。脚手架使用中，严禁任意拆除连墙件。

【安全技术图解】

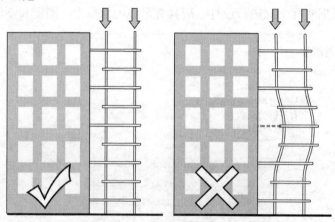

【条文解释】

连墙件是脚手架与结构主体之间的撑拉杆和限制脚手架平面外自由变形的约束连杆，主要作用是约束脚手架平面外变形，防止整体失稳，并承担风荷载产生的轴向力及施工荷载偏心产生的水平力。任意拆除连墙件会导致脚手架平面外稳定性大幅下降，导致立杆计算长度骤增，造成极大安全隐患。

【条文规定】

4.5.3　脚手架连墙件的安装，应符合下列规定：

1　连墙件的安装应随架体升高及时在规定位置处设置，不得滞后安装；

2　当作业脚手架操作层高出相邻连墙件以上2步时，在上层连墙件安装完毕前，应采取临时拉结措施。

【安全技术图解】

连墙件应及时安装，不然应采取临时拉结措施

【条文解释】

连墙件滞后安装、提前拆除或未采取临时拉结措施，均表现为架体顶部自由端过长，同时架体顶部无水平约束力，在搭拆架体或施工过程中受外力影响，无连墙件的架体顶部由于面外稳定性差，从而易产生较大水平变形而导致坍塌。

【条文规定】

4.5.4　脚手架的拆除作业，应符合下列规定：

1　架体拆除应自上而下逐层进行，不得上下层同时拆除；

2　连墙件应随脚手架逐层拆除，不得先将连墙件整层或数层拆除后再拆除架体；

3　拆除作业过程中，当架体的自由端高度大于2步时，应增设临时拉结件。

【安全技术图解】

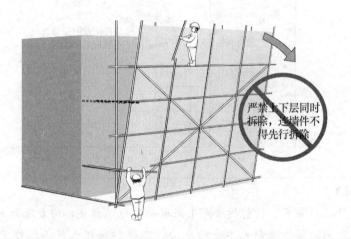

严禁上下层同时拆除，连墙件不得先行拆除

【条文解释】

架体上下层同时拆除，架体下部构件拆除后易造成局部薄弱环节，破坏架体整体稳定性而导致坍塌，同时也极易由于上下交叉作业而发生物体打击事故。关于连墙件对双排脚手架稳定性所起的重要作用的解释同第4.5.2条及第4.5.3条。

【条文规定】

4.5.5 脚手架应按相关标准的构造要求设置剪刀撑或斜撑杆、交叉拉杆，并应与立杆连接牢固，连成整体。

【安全技术图解】

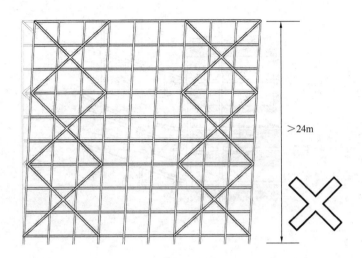

>24m

【条文解释】

剪刀撑的主要作用是约束脚手架平面内变形，增强脚手架的平面内整体抗侧刚度。剪刀撑要起到足够的平面内抗侧刚度增强作用，必须要满足一定的覆盖率。当剪刀撑设置不足或剪刀撑与立杆连接不牢固时，对脚手架平面内抗侧支撑作用将不足，架体容易产生面内变形而失稳。

【条文规定】

4.5.6　脚手架作业层上应在显著位置设置限载标志，注明限载数值。在使用过程中，作用在作业层上的人员、机具和堆料等严禁超载。

【安全技术图解】

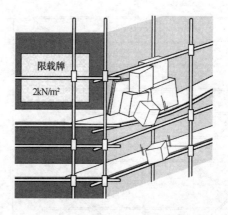

限载牌

2kN/m²

【条文解释】

为了防止作业层上脚手板超载而导致作业层或架体坍塌，必须对作业层荷载进行限制，根据现行行业标准《建筑施工扣件式钢管脚手架安全技术规范》JGJ 130 的相关规定，装修脚手架和混凝土结构脚手架、砌筑结构脚手架、防护脚手架作业层上荷载限载值分别为 2.0kN/m²、3.0kN/m²、3.0kN/m²、1.0kN/m²，同时，当上下同时作业时，同一跨内所有作业层总荷载不能超过5.0kN/m²。

【条文规定】

4.5.7 当采用附着式升降脚手架施工时，应符合下列规定：

1 附着式升降脚手架的架体高度、架体宽度、架体支承跨度、水平悬挑长度、架体全高与支承跨度的乘积应符合现行行业标准《建筑施工工具式脚手架安全技术规范》JGJ 202 规定。

【安全技术图解】

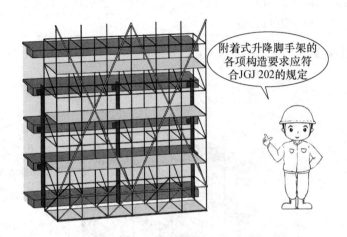

附着式升降脚手架的各项构造要求应符合JGJ 202的规定

【条文解释】

附着式升降脚手架是一种特殊的空间悬挂式操作平台，实际工程中，为确保其空间整体稳定性、抗倾覆能力、防坠落性能，附着式升降脚手架结构构造的尺寸应符合《建筑施工工具式脚手架安全技术规范》JGJ 202 中的下列规定：

1 架体高度不应大于 5 倍楼层高；

2 架体宽度不应大于 1.2m；

3 直线布置的架体支承跨度不得大于 7m，折线或曲线布置的架体，相邻两主框架支撑点处的架体外侧距离不得大于 5.4m；

4 架体的水平悬挑长度不应大于 2m，且不得大于跨度的 1/2；

5 架体全高与支承跨度的乘积不得大于 110m^2。

【条文规定】

4.5.7　当采用附着式升降脚手架施工时，应符合下列规定：

2　竖向主框架所覆盖的每个楼层处应设置一道附墙支座，其构造应符合相关标准规定，并应满足承载力要求。在使用工况时，应将竖向主框架固定于附墙支座上；在升降工况时，附墙支座上应设具有防倾、导向功能的结构装置。

3　附着式升降脚手架应设置安全可靠的具有防倾覆、防坠落和同步升降控制功能的结构装置。升降时应设专人对脚手架作业区域进行监护，每提升一次都应经验收合格后方可作业。

【安全技术图解】

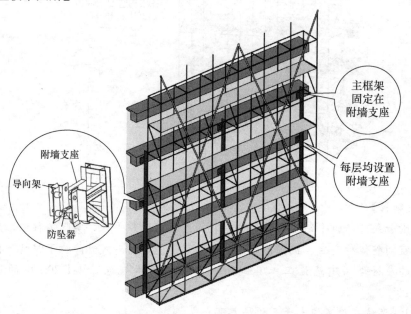

主框架
固定在
附墙支座

每层均设置
附墙支座

附墙支座

导向架

防坠器

【条文解释】

本条第2、3款是对附着式升降脚手架的防倾、防坠作出的基本规定。其中附墙支座是架体结构"生根"于建筑物外立面的依托，必须具有足够的承载能力，且每榀之框架与楼层接触之处均必须设置，以避免每个附墙支座受力过大。

脚手架升降工况是架体坠落事故易发的时机，此时设置于附墙支座上的防倾、防坠装置就成了整个升降过程的"生命线"，因此安全检查中应重点检查防倾、防坠装置的可靠性。

【条文规定】

4.5.7　当采用附着式升降脚手架施工时，应符合下列规定：

4　附着式升降脚手架和建筑物连接处的混凝土强度应由设计计算确定，且不得低于10MPa。

5　附着式升降脚手架应按产品设计性能指标规定进行使用，不得随意扩大使用范围，不得超载堆放物料。

【安全技术图解】

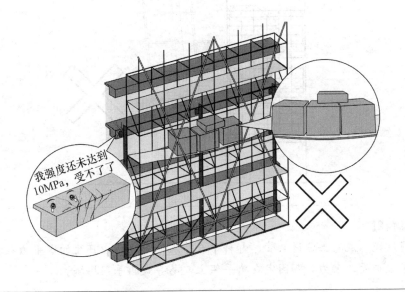

我强度还未达到10MPa，受不了了

【条文解释】

本条第4、5款对附着式升降脚手架适用情况作了规定。在混凝土强度不够或超标超范围使用情况下，易导致附墙支座处混凝土开裂而出现严重安全隐患，更严重会因为附墙支座锚固脱离导致架体坍塌。

附着式升降脚手架目前已进入工业化成熟时代，行业产品标准也已发布，目前更多的是作为一种工具式升降平台使用。既然是一种标准化产品，则必有其性能指标和使用范围，如作业层数、使用荷载、服务楼层数、最大适用高度和密度、架体支承跨度、水平悬挑长度、机位覆盖面积等，同其他标准设备一样，使用中不可超越其产品性能指标或扩大其使用范围，更不可超载使用。

【条文规定】

　　4.5.8　严禁将模板支撑架、缆风绳、混凝土输送泵管、卸料平台及大型设备的附着件等固定在脚手架上。

【安全技术图解】

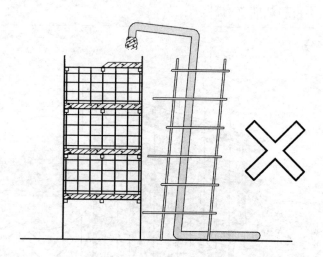

【条文解释】

　　缆风绳、混凝土输送泵管、卸料平台等在使用过程中产生的水平力往往大于脚手架平面约束力，如固定在脚手架上，易导致脚手架坍塌。

1.6 模板工程

【条文规定】

4.6.1 模板及支撑架应根据施工过程中的各种工况进行设计，应具有足够的承载力、刚度和整体稳固性。施工中，模板支撑架应按专项施工方案及相关标准构造要求进行搭设。

【安全技术图解】

【条文解释】

施工现场模板支撑架主要作用是承受新浇筑混凝土重量及作业面施工荷载，与脚手架相比，其承受荷载较大，但是施工现场往往忽略对其进行专项设计，任由工人凭经验搭设，在浇筑混凝土时容易因架体承载力不足或构造薄弱而发生坍塌事故。模板支撑架应根据施工对象的位置关系、周边环境特点、结构形式、架体材料及架体类型等因素按照实际设计并进行施工。

【条文规定】

4.6.2　模板支撑架构配件进场应进行验收，构配件及材质应符合专项施工及相关标准的规定，不得使用严重锈蚀、变形、断裂、脱焊的钢管或型钢作模板支撑架，亦不得使用竹、木材和钢材混搭的结构。所采用的扣件应进行复试。

【安全技术图解】

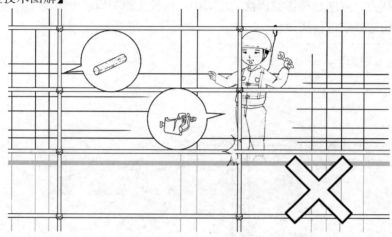

【条文解释】

由于支撑架使用的管件及配件均是周转使用的材料，加之由于脚手架构配件市场不规范，施工现场模板支撑架构配件不合格已成为影响架体安全的突出因素。尤其是扣件式钢管支撑架，钢管扣件质量不合格是导致模板支撑架坍塌因素之一。新钢管应有产品质量合格证及质量检验报告，钢管外径、壁厚端面等的偏差、旧钢管锈蚀程度及弯曲变形应符合对应的现行行业标准的规定（碗扣架执行《建筑施工碗扣式钢管脚手架安全技术规范》JGJ 166，扣件架执行《建筑施工扣件式钢管脚手架安全技术规范》JGJ 130，盘扣架执行《建筑施工承插型盘扣式脚手架安全技术规范》JGJ 231，门式架执行《建筑施工门式钢管脚手架安全技术规范》JGJ 128 的有关规定）。各种架体所使用的扣件进入现场应检查产品合格证并进行抽样复试，技术性能符合《钢管脚手架扣件》GB 15831（一般扣件）或《钢板冲压扣件》GB 24910 的规定，有裂缝、变形及螺栓滑丝的扣件不能使用，新旧扣件均要进行防锈处理。同时，碗扣式脚手架及承插型盘扣式脚手架原材料应分别符合国家现行标准《碗扣式钢管脚手架构件》GB 24911 和《承插型盘扣式钢管支架构件》JG/T 503 的规定。

考虑各类钢管支架构配件的重复使用情况，各类脚手架标准都对钢管最小壁厚作出了要求，虽各种类型架体其相对应的最小壁厚的规定不尽相同，但均应满足现行国家标准《租赁模板脚手架维修保养技术规范》GB 50829 给出的各类架型钢管的最小壁厚为 3.0mm，否则应报废。

【条文规定】

4.6.3 满堂钢管支撑架的构造应符合下列规定：

1 立杆地基应坚实、平整，土层场地应有排水措施，不应有积水，并应加设满足承载力要求的垫板；当支撑架支撑在楼板等结构物上时，应验算立杆支承处的结构承载力，当不能满足要求时，应采取加固措施。

【安全技术图解】

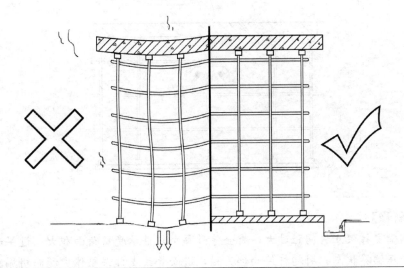

【条文解释】

对立杆地基坚实平整性要求、设置排水措施、架设垫板均是保证支撑架基础有足够承载力的重要措施。土层场地在无排水措施情况下，容易受水浸泡而松软，在支撑架使用过程中易发生沉降，严重会导致模板支撑架坍塌。

【条文规定】

　　4.6.3　满堂钢管支撑架的构造应符合下列规定：

　　2　立杆间距、水平杆步距应符合专项施工方案的要求。

【安全技术图解】

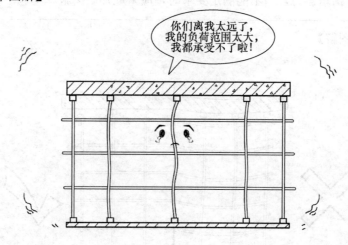

【条文解释】

　　满堂支撑架立杆间距过大，将会导致每个杆件承受负荷面积大，过早达到轴心受压临界状态，引起杆件局部失稳，进而导致支撑架整体失稳而坍塌。水平杆间距（步距）过大会使得水平杆对立杆的约束作业降低，增大立杆计算长度，降低其稳定性。

【条文规定】

4.6.3 满堂钢管支撑架的构造应符合下列规定：

3 扫地杆离地间距、立杆伸出顶层水平杆中心线至支撑点的长度应符合相关标准的规定。

【安全技术图解】

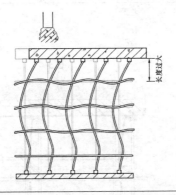

【条文解释】

模板支架承载力随立杆伸出顶层水平杆长度的增加而降低，当超过一定值时会导致支撑架整体失稳坍塌。同样道理，扫地杆离地间距过大，也会造成立杆底部失稳而坍塌。2005年北京某项目工程模板支架垮塌事故的主要原因就是立杆伸出顶层水平杆中心线至支撑点的长度过长引起的。

立杆顶部是易于发生局部失稳的部位，相比于标准步距的立杆段，顶部立杆类似于带悬臂端的轴压力杆，其力学形态如图（1）所示。从图中可以看出，立杆顶部自由外伸长度过大会严重影响立杆稳定性。

20世纪80年代末英国SGB公司针对不同水平荷载作用下以及立杆不同水平荷载作用以及立杆不同顶部自由外伸条件下的立杆极限承载力试验，其结果如图（2）所示。从图中可以发现，相同条件下，立杆顶部自由外伸长度 a 增大会大大降低立杆承载力。不同标准对 a 值上限规定不尽相同，如JGJ 130 规定扣件式架体 $a \leqslant 500$，对于碗扣式及盘扣式架体 $a \leqslant 650$。

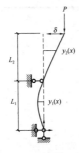

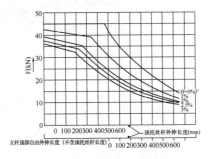

图（1） 带悬臂端
的顶部立杆段
失稳计算模型

图（2） Q235立杆容许轴力
（步距1.5m，丝杆顶部无附加支撑）

【条文规定】

4.6.3 满堂钢管支撑架的构造应符合下列规定：

4 水平杆应按步距沿纵向和横向通长连续设置，不得缺失。在立杆底部应设置纵向和横向扫地杆，水平杆和扫地杆应与相邻立杆连接牢固。

【安全技术图解】

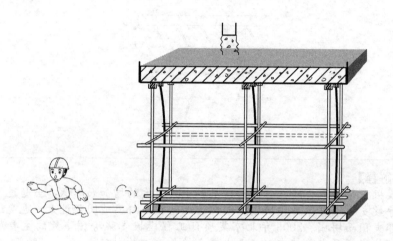

【条文解释】

水平杆、扫地杆在满堂模板支撑架中具有重要作用，都是架体的主要结构杆件，水平杆、扫地杆与其他杆件共同构成整体稳定结构体系，并且使架体纵横向具有足够的联系和约束，保证架体的刚度，并且也是抵抗水平荷载的重要构件。局部水平杆漏设会导致与其相连的立杆在该方向约束降低，从而引起该方向计算长度增大，造成该部位局部失稳，立杆在该方向局部失稳，进而引起架体整体失稳。

【条文规定】

4.6.3 满堂钢管支撑架的构造应符合下列规定：

5 架体应均匀、对称设置剪刀撑或斜撑杆、交叉拉杆，并应与架体连接牢固，连成整体，其设置跨度、间距应符合相关标准的规定。

【安全技术图解】

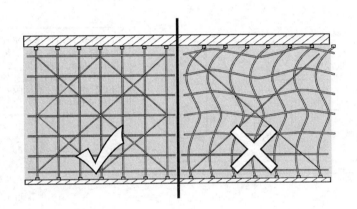

【条文解释】

水平剪刀撑主要通过对立杆、水平杆进行拉结，可以提高架体的整体性，对立杆起到水平面加强作用。竖向剪刀撑可以大幅度增加架体抗侧刚度，增加整体稳定性。竖向剪刀撑与立杆连接太少，表现为纵向架体抗侧刚度较差。剪刀撑设置不足会导致架体稳定性差，尤其是高支模条件下易导致坍塌事故发生。

【条文规定】

4.6.3　满堂钢管支撑架的构造应符合下列规定:

6　顶部施工荷载应通过可调托撑向立杆轴心传力,可调托撑伸出顶层水平杆的悬臂长度应符合相关标准要求,插入立杆长度不应小于 150mm,螺杆外径与立杆钢管内径的间隙不应大于 3mm。

【安全技术图解】

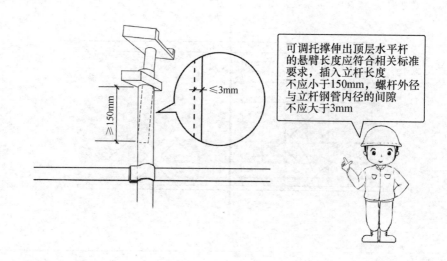

可调托撑伸出顶层水平杆的悬臂长度应符合相关标准要求,插入立杆长度不应小于150mm,螺杆外径与立杆钢管内径的间隙不应大于3mm

【条文解释】

经过实验发现,螺杆外径与立杆钢管内径的间隙过大,易导致轴力偏心,严重时可能造成托撑崩落,从而引起支模架坍塌。

【条文规定】

4.6.3 满堂钢管支撑架的构造应符合下列规定：

7 支撑架高宽比超过 3 时，应采用将架体与既有结构连接、扩大架体平面尺寸或对称设置缆风绳等加强措施。

【安全技术图解】

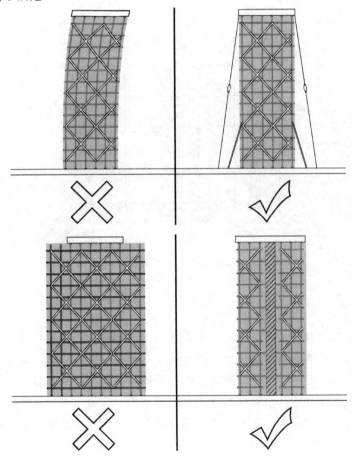

【条文解释】

规定支撑架高宽比过大时需采取加强措施，主要是考虑支撑架高宽比过大时，架体稳定性降低，承载力明显减小。本款规定执行时需注意：1）采取扩大架体平面尺寸措施时，每侧扩 2～3 跨为宜，扩的跨数太多对架体稳定性提升效果不明显；2）采取将架体与既有结构相连的措施时，连接点竖向间距不应超过 2 步，水平方向间距不应超过 6～9m。

【条文规定】

4.6.9　支撑架的地基基础、架体结构应根据方案设计及相关标准的规定进行验收，验收合格后方可投入使用。

【安全技术图解】

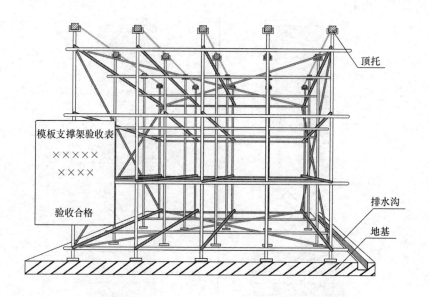

模板支撑架验收表

××××× ×××× 验收合格

顶托

排水沟

地基

【条文解释】

分段验收是确保支撑架安全的重要手段，架体施工应在构配件进场、基础处理、架体首次水平杆搭设完成、每搭设完 4 步 6m 高度、全高搭设完毕、安全防护设施设置完毕等阶段分别进行检查验收，并填写验收表格。

支撑架各阶段验收应主要检查支撑架地基基础表面是否坚实平整、排水是否通畅、垫板是否晃动、底座是否滑动以及支撑架立杆垂直度、立杆间距、水平杆步距、纵横向水平杆高差、剪刀撑斜杆与地面倾角、扣件安装、安全防护设施的设置情况等，以上均应符合现行行业标准《建筑施工扣件式钢管脚手架安全技术规范》JGJ 130 相关规定。碗扣式脚手架及承插型盘扣式脚手架应分别符合现行标准《建筑施工碗扣式钢管脚手架安全技术标准》JGJ 166 和《建筑施工承插型盘扣式钢管支架安全技术规程》JGJ 231 的规定。

【条文规定】
　　4.6.10　支撑架严禁与施工起重设备、施工脚手架等设施、设备连接。

【安全技术图解】

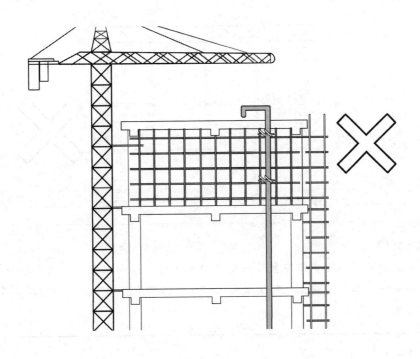

【条文解释】
　　施工起重装备、施工脚手架等设施在施工过程中会产生水平力，由于支撑架主要承受竖向荷载，在水平力作用下架体易失稳坍塌。同时架体与其他设施设备相连，当其中一个发生倒塌、不均匀沉降等事故时，势必引起相连设施设备坍塌。施工中由于外脚手架与房屋内部模板支撑架相临，现场可能会将二者连为一体，但这两种架体刚柔不一，强行合并后会产生次生内力影响架体安全，应予避免。

【条文规定】

4.6.11 支撑架使用期间，严禁擅自拆除架体构配件。

【安全技术图解】

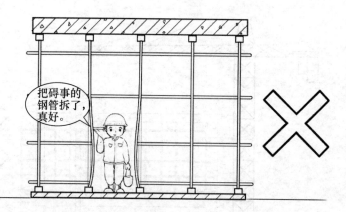

【条文解释】

施工期间，拆除支撑架主节点处纵向水平杆、横向水平杆、纵向扫地杆、横向扫地杆，都会造成立杆约束减弱，引起支撑架承载力下降，严重时会导致坍塌事故。

【条文规定】

4.6.12 模板作业层上应在显著位置设置限载标志，注明限载数值，施工荷载不得超过设计允许荷载。

【安全技术图解】

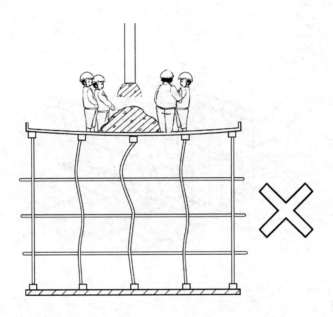

【条文解释】

本条规定是为防止支撑架因超载而影响施工安全。现场施工过程中，混凝土布料一次性过高、机具及人员过于集中等违反专项施工方案或标准规定的现象时有发生，严重时会导致架体过载，坍塌事故发生。

【条文规定】

4.6.13　大模板竖向放置应保证风荷载作用下的自身稳定性，同时应采取辅助安全措施。

【安全技术图解】

【条文解释】

由于大模板受风面积较大且风载体型系数大，在吊装及堆放时，易受风荷载影响而失稳倒塌，所以应采取辅助措施，如采取临时拉结、设置模板专用支架等措施保证模板堆放时安全。同时大模板竖向放置时还应满足自稳角的要求，需要注意的是，大模板自稳角并非常数，自稳角角度要根据实际风速（风压）计算。

【条文规定】

4.6.14 竖向模板应在吊装就位后及时进行拼接、对拉紧固，并应设置侧向支撑或缆风绳等确保模板稳固的措施

【安全技术图解】

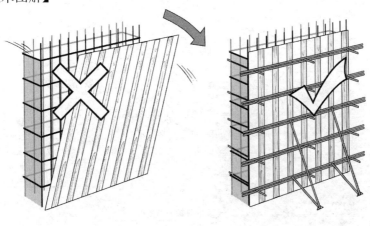

【条文解释】

竖向模板在吊装就位后，无水平方向约束力，在受到外界作用力影响下，模板易发生倒塌，故吊装后应及时拼接、对拉紧固，设置侧向支撑以保证模板稳固。

【条文规定】

4.6.15 支撑架在使用过程中应实施监测，出现异常或监测数据达到监测报警值时，应立即停止作业，待查明原因并经处理合格后方可继续施工。

【安全技术图解】

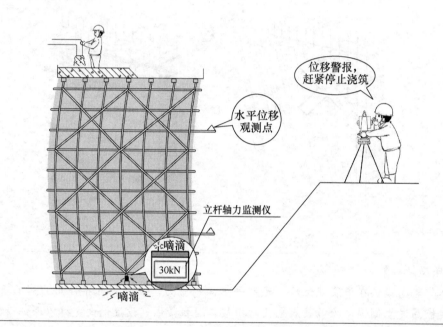

【条文解释】

模板支撑架在浇筑混凝土过程中由于承受较大的竖向力，有出现侧向失稳的趋势（表现为水平侧移），使用中实施监测是及时发现事故苗头，将隐患消失在萌芽状态的重要手段。支撑架监测一般实施对立杆内力和架体侧移双控的方式，且位移点应沿架竖向多点布置，以避免架体最大侧移出现"漏网之鱼"；同时，轴力监测点应设置在计算轴力较大的区域的立杆底部，关于模板支撑架的施工监测的相关规定，在现行行业标准《建筑施工临时支撑结构技术规范》JGJ 300 中给出了明确的要求和指标，施工现场应严格执行。

由于支撑架在使用过程中，受外部环境影响可能出现架体变形或受力超过相关规定的情形，所以需要对支撑架进行监测。当监测报警时首先应保证人员安全，停止作业。

【条文规定】

　4.6.17　混凝土浇筑顺序及支撑架拆除顺序应按专项施工方案的规定进行。

【安全技术图解一】

单向推进会产生附加水平力,其数值可以达到竖向荷载的2%

【安全技术图解二】

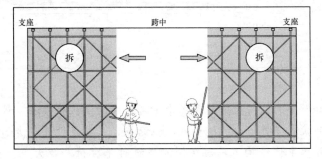

【条文解释】

　　混凝土浇筑采用单向推进浇筑,浇筑的混凝土自重及下料产生的水平荷载、施工人员及机械自重等会在架体顶部产生附加水平荷载,数值可达到竖向荷载2％,架体在此时易失稳坍塌。混凝土分配,对称推进浇筑是最大限度减小水平推力的控制措施。

　　拆架过程是内力重新分布的过程,被拆除的架体其承受的竖向力将逐步转换至已具有强度的混凝土结构,该内力重新分布过程必须均匀、对称。方案中应根据该浇筑混凝土结构的结构特点制定拆除工艺,一般是从混凝土构件竖向变形(挠曲变形)大的部位向变形小的部位推进,如:梁内构件从跨中处对称拆除。拱形结构及坡形结构更应该进行卸架顺序专项设计,以确保拆除中安全并提高混凝土构件成型质量。

1.7 操 作 平 台

【条文规定】

4.7.1 悬挑式操作平台的悬挑长度不宜大于5m，其搁置点、拉结点、支撑点应可靠设置在主体结构上。

【安全技术图解】

平台大于5m，应经过专项设计，拉结点应设置在主体结构上

>5m

【条文解释】

悬挑式卸料平台是房屋建筑施工中不可或缺的供机械倾泄原料的临时施工平台。如果悬挑式操作平台的搁置点、拉结点、支撑点设置在诸如脚手架等结构上而非设置于主体结构上，则在倾泄原料时平台荷载较大或产生很大水平力，如此时其搁置、拉结不可靠，则会直接影响临时结构安全而引发事故。

【条文规定】

　　4.7.2　斜拉式悬挑操作平台应在平台两侧各设置两道斜拉钢丝绳；支承式悬挑操作平台应在下部设置不少于两道斜撑；悬臂式操作平台应采用型钢梁或桁架梁作为悬挑主梁，不得使用脚手架钢管。

【安全技术图解】

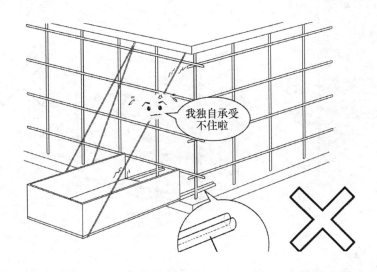

【条文解释】

　　斜拉式悬挑操作平台主要靠两根外侧钢丝绳受力，内侧钢丝绳做保险用，所以每次必须设置两根。同时，有关悬挑式操作平台的构造要求应符合现行行业标准《建筑施工高处作业安全技术规范》JGJ 80 的规定。

【条文规定】

    4.7.3 落地式操作平台应设置连墙件和剪刀撑。

【安全技术图解】

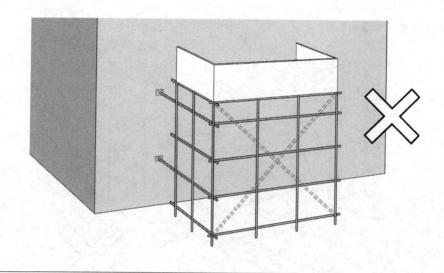

【条文解释】

    落地式操作平台是一种特殊的满堂式操作脚手架,按现行脚手架相关标准规定,满堂脚手架应设置连墙件及剪刀撑,可增强脚手架抗侧刚度和架体稳定性,可提高平台结构承载能和整体稳固性。

【条文规定】

4.7.4 操作平台投入使用时，应在平台的明显位置处设置限载标志，物料应及时转运，不得超重与超高堆放。

【安全技术图解】

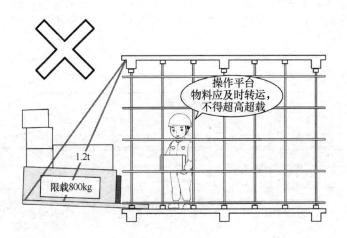

【条文解释】

超载是导致操作平台倾覆最主要原因。在施工过程中，应按照方案设计要求对平台进行搭设使用中应设置限载标志，推荐采用超载自动报警装置，以有效避免超载现象，同时，超高堆放可能会导致物体打击事故发生。

1.8 临 时 建 筑

【条文规定】

　　4.8.1　施工现场供人员使用的临时建筑应稳定、可靠，应能抵御大风、雨雪、冰雹等恶劣天气的侵袭，不得采用钢管、毛竹、三合板、石棉瓦等搭设简易的临时建筑物，不得将夹芯板作为活动房的竖向承重构件使用。临时建筑层数不宜超过2层。

【安全技术图解】

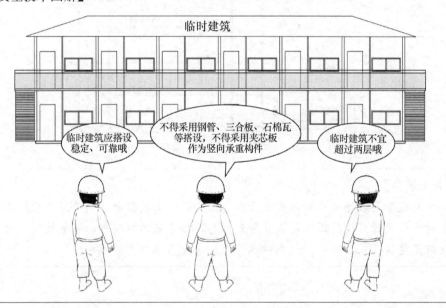

【条文解释】

　　施工现场办公区、生活区等搭设的活动板房多为临时建筑物，设计使用年限低，且通常简易搭设，其基础处理、结构构造通常比不上永久结构那样可靠，因此施工现场活动板房等临时建筑物是坍塌的多发部位，其中选址不恰当、抗风能力差、材料性能差、超载使用是导致事故发生的主要原因。现对本条作如下两点说明：

　　1　本条规定了临时建筑物的最基本安全要求，参照行业标准《施工现场临时建筑物技术规范》JGJ/T 188—2009中第3.0.4条、3.0.7条的规定制定。《关于预防施工工棚倒塌事故的通知》（建质〔2003〕186号）中就做好建筑工地施工工棚倒塌事故的预防工作通知中也作出了相应规定。

　　2　夹芯板的芯材若容重过低，其强度和外观质量很难保证，故不能作为承重构件使用；并且容重过低的泡沫在阻燃性能上不易控制，不能满足防火要求。

【条文规定】

4.8.2 临时建筑布置不得选择在易发生滑坡、泥石流、山洪等危险地段和低洼积水区域，应避开河沟、高边坡、深基坑边缘。

【安全技术图解一】

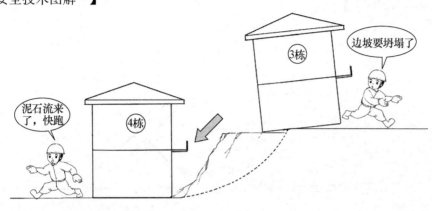

【安全技术图解二】

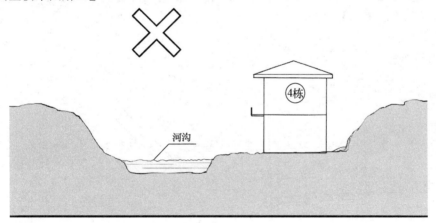

【条文解释】

本条规定了临时建筑选址应遵循的原则，该规定是为了避免临时建筑物因地质条件、周边环境发生不利状况而倾斜、变形直至坍塌。因选址不当而导致施工现场临时建筑物坍塌的事故时有发生，搭设临时建筑物前应根据水文地质条件进行现场踏勘以避开地质灾害多发地点，其中容易被忽略的是施工现场经常因场地受限而将临时建筑设置于临时边坡坡顶或坡脚，从而埋下较大安全隐患。

【条文规定】

4.8.3　施工现场临时建筑的地基基础应稳固。严禁在临时建筑基础及其影响范围内进行开挖作业。

【安全技术图解一】

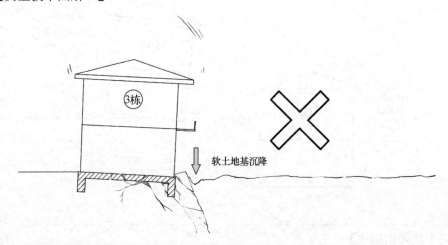

软土地基沉降

【安全技术图解二】

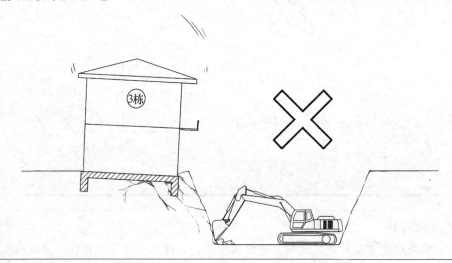

【条文解释】

施工单位应按地质资料和地基基础与结构设计标准，确定临时建筑的基础形式和平面布局，并按国家现行相关标准进行施工，确保临时建筑的地基基础牢固可靠。任何的建（构）筑物的基础均十分重要，是确保安全使用的前提，任何开挖作业及其他施工作业均不得扰动基础。

【条文规定】

4.8.4 围挡宜选用彩钢板等轻质材料，围挡外侧为街道或行人通道时，应采取加固措施。

【安全技术图解一】

临街围挡宜采用轻质围挡

【安全技术图解二】

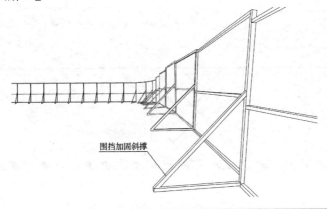

围挡加固斜撑

【条文解释】

本条对围挡选材作出了推荐性规定。近几年，施工现场临时砖砌围挡（墙）裂缝、倒塌现象屡见不鲜，尤其是沿街、人行道一侧的围墙倒塌伤及行人的现象时有发生，有的还造成严重的伤亡事故。为保证行人通行安全，临街围挡应采用轻质材料搭设，防止和降低围挡坍塌给行人造成的伤害。为增加围挡抗风能力，围挡结构应设置斜撑等加固措施。围挡使用过程中，施工单位应对围挡进行定期检查，当出现开裂、沉降、倾斜等险情时，应立即采取相应加固措施。

【条文规定】

4.8.5 弃土及物料堆放应远离围挡，围挡外侧应有禁止人群停留、聚集和堆砌土方、货物等警示标志。严禁在施工围挡上方或紧靠施工围挡架设广告或宣传标牌。

【安全技术图解一】

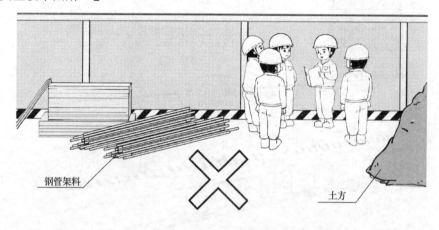

钢管架料　　　　　　　　　　　　　　　土方

【安全技术图解二】

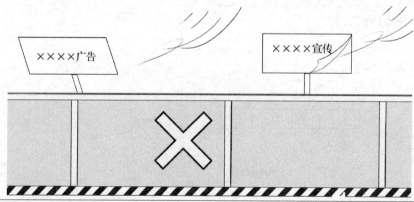

【条文解释】

本条针对围挡使用过程中常发生的安全事故类型而制定，相关规定说明如下：

1 施工围挡应与周边堆放的建筑材料、设备、弃土等保持足够安全距离。物料和弃土靠近围挡堆放，堆载会对围挡周边地面产生影响，将会波及围挡基础安全，导致围挡不稳定直至倒塌。

2 广告或宣传标牌在围挡上方或紧靠围挡架设，无疑增大了围挡自身和其基础所承受的荷载，且标牌易受到较大风荷载的影响而增大围墙倾覆力矩，相应增大了施工围挡的风险。如确需架设的，受力体系应当独立（与围挡结构分开），并经设计计算。

【条文规定】

4.8.6 餐厅、资料室应设置在临时建筑的底层，会议室宜设在临时建筑的底层。

【安全技术图解一】

临时建筑二层平面图

【安全技术图解二】

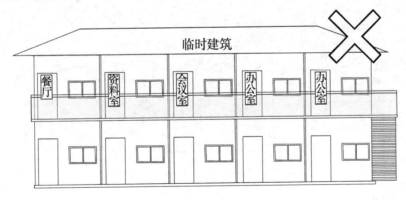

【条文解释】

本条对临时建筑物特殊功能房间的楼层布置作出了规定。从疏散安全和结构安全角度，人员密集、荷载较大的餐厅、资料室应布置在底层，会议室也尽可能布置在底层。同时，这部分使用用途的房间荷载大，布置在上层不利于结构受力安全。

【条文规定】

4.8.7　在影响临时建筑安全的区域内堆置物不得超重堆载，严禁堆土、堆放材料、停放施工机械，并不应有强夯、混凝土输送等振动源产生的振动影响。

【安全技术图解一】

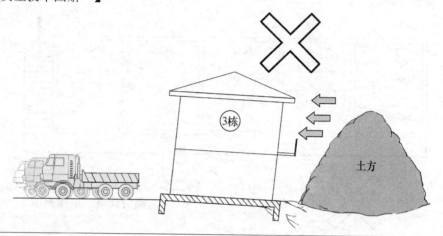

【安全技术图解二】

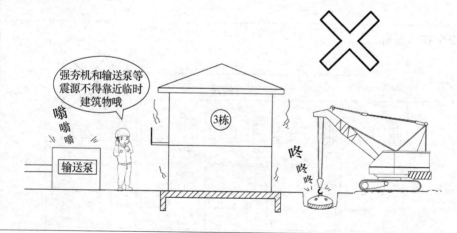

【条文解释】

本条是为了保证临时建筑的基础结构安全而作出的规定。临时建筑周边的堆载超重，机械设备作业时产生的强烈振动波均会扰动临时建筑的地基与基础，进而出现临时建筑开裂、倾斜甚至倒塌等安全事故。

《建筑工程预防坍塌事故若干规定》（建质〔2003〕82号）中第十八条作出了如下规定：施工现场临时建筑与建筑材料等的间距应符合技术标准，即建筑材料、施工机械等不得靠近临时建筑堆放。

【条文规定】

4.8.8 施工现场使用的组装式活动房屋应有产品合格证，在组装完成后应进行验收，经验收合格后方可使用。活动房使用荷载不得超过其设计允许荷载。

【安全技术图解一】

【安全技术图解二】

【条文解释】

本条参照《建筑工程预防坍塌事故若干规定》（建质［2003］82号）中第二十条的规定而制定。活动房搭设完成后，应按《施工现场临时建筑物技术规范》JGJ/T 188—2009中附录A中表A.0.1《活动房构配件进场验收记录》、表A.0.2《活动房施工质量检查记录》、附录B《建筑设备安装质量检查表》、附录C《临时建筑工程质量竣工验收记录》的内容逐项检查验收合格后，才能投入使用。

活动房使用荷载不得超过设计允许荷载，否则将会危及结构安全。设计允许荷载应按产品使用说明书的规定执行。

【条文规定】

4.8.9 搭设在空旷、山脚处的活动房应采取防风、防洪和防暴雨等措施。

【安全技术图解】

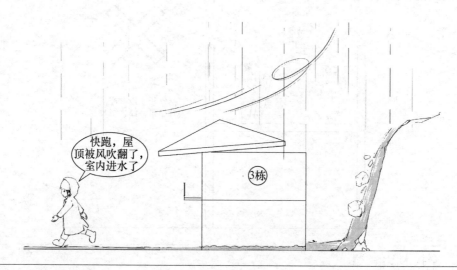

【条文解释】

本条参照《建筑工程预防坍塌事故若干规定》（建质〔2003〕82号）中第二十条的规定而制定。搭设在空旷处的活动房受风荷载较大（按照现行国家标准《建筑荷载规范》GB 50009 的规定，该条件下地面粗糙度较低，相对相同高度条件下的其他场所，其风压高度变化系数较大），山脚部位为山洪多发部位，这些不利场所，在临时建筑选址中均应避开。

沿海地区和南方地区风、雨较多，破坏性较大，为了保证临时建筑搭设和使用过程的安全应特别重视活动房的选址。

活动房防台风、防汛、防雨雪灾害等性能相对较弱，临时建筑使用单位应建立临时建筑防台风、防汛、防雨雪灾害等应急预案，在台风、雷暴雨雪来临前，应组织进行全面检查，并采取可靠的加固措施。

【条文规定】

4.8.10 临时建筑严禁设置在建筑起重机械安装、使用和拆除期间可能倒塌覆盖的范围内。

【安全技术图解】

临时建筑不得搭建在起得机械可能倒塌覆盖及波及范围内

【条文解释】

本条汲取了多起建筑起重机械倒塌伤人的典型安全事故的经验教训而制定，起重机械及其他大型临时设施倒塌可能波及的范围内均不宜设置临时建筑。行业标准《施工现场临时建筑物技术规范》JGJ/T 188—2009 中第4.2.2条作出了更严格的规定：办公区、生活区宜位于建筑物的坠落半径和塔吊等机械作业半径之外。临时建筑人员较为密集的办公区、生活区应避免受施工作业如建筑物高处坠落和塔吊操作坠物打击等潜在危险因素的影响。

1.9 装配式建筑工程

【条文规定】

4.10.1 预制混凝土剪力墙等平板式构件应采用设置侧向护栏或其他固定措施的专用运输架进行运输，或采用专用运输车进行运输。对于超高、超宽、形状特殊部品的运输和堆放应有专项安全保护措施。

【安全技术图解】

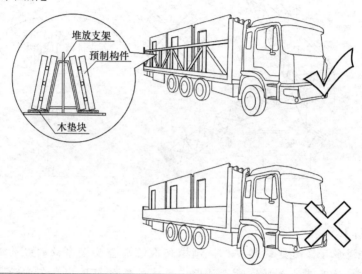

堆放支架
预制构件
木垫块

【条文解释】

随着建筑工业化进程的推进，越来越多的建筑物采用装配式建造技术，大型预制构件运转过程中防倒塌控制显得尤为重要。本条对大型预制构件的运输安全作了具体的规定，现对相关要求说明如下：

1）预制构件的运输和堆放涉及防倒塌安全要求，应按工程或产品特点制定运输、堆放方案，策划重点控制环节，对于特殊构件还要制定专门安全保证措施。

2）预制混凝土剪力墙等构件的长度与宽度远大于厚度，正立放置自身稳定性较差，因此应设置带侧向护栏或其他固定措施的专用运输架对其进行运输，以适应运输时道路及施工现场场地不平整、颠簸情况下构件不发生倾覆的要求。

3）采用专用运输车对预制构件进行运输，先将预制构件置于运输架上；降低运输车后部拖车高度并倒车使运输架嵌入车内；拖车提升到正常高度；再通过智能机械手臂对构件提供侧向支撑，使得构件运输过程中的稳定性和安全性得到充分保障。

4）预制构件特别是超高、超宽、形状特殊的部品应放置于专用存放架上以避免构件倾覆。

【条文规定】

  4.10.2 施工现场应根据预制构件规格、品种、使用部位、吊装顺序绘制施工场地平面布置图。预制构件应统一分类存放于专门设置的构件存放区，并应放置于专用存放架上或采取侧向支撑措施，存放架应具有足够抗倾覆稳定性能。构件堆放层数不宜大于3层。存放区的场地应平整、排水应畅通，并应具有足够的承载能力。

【安全技术图解一】

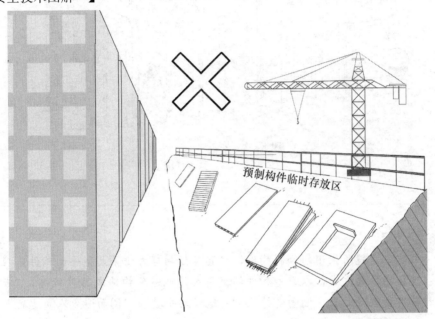

预制构件临时存放区

【安全技术图解二】

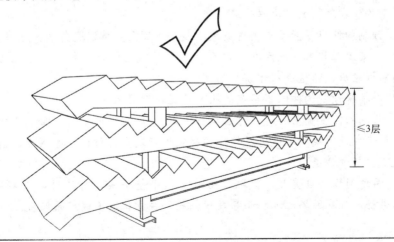

≤3层

【安全技术图解三】

【条文解释】

装配式建筑所采用的预制构件，尤其是预制剪力墙等大型平面构件，应注重在现场的堆放方式，以避免构件倾覆伤人，也避免构件成品被破坏，"专区堆放"、"支架存放"、"侧向支撑"、"场地坚实平整"、"侧面避免人员逗留"是存放的基本要求。现就有关规定作如下说明：

1）构件存放区位置的选定，应便于起重设备对构件的一次起吊就位，应尽量避免构件在现场的二次转运。

2）预制构件应放置于专用存放架上或采取侧向支撑以避免构件倾覆。

3）严禁工人非工作原因在构件存放区长时间逗留、休息，如遇扰动等原因引起墙板倾覆，易造成人体挤压伤害。

4）严禁将预制构件以不稳定的状态放置在边坡上。

5）预制构件重叠平放时，每层构件间的垫块应上下对齐，堆垛层数应根据构件与垫木或垫块的承载力及堆垛的稳定性确定。为防止堆垛倾覆，构件平放层数不宜超过3层。

6）因预制构件自重大，其堆放场地必须平整坚实，有足够的承载能力，且排水通畅，避免因场地沉陷而导致预制构件存放状态不稳定而倾覆。

【条文规定】

4.10.3 预制剪力墙、柱安装应设置可靠的临时支撑体系，并应符合下列规定：

1 吊装就位、吊钩脱钩前，应设置工具式斜撑等形式的临时支撑；

【安全技术图解】

【条文解释】

装配式结构工程施工过程中，当预制构件或整个结构自身不能承受施工荷载时，需要通过设置临时支撑来保证施工定位、施工安全及工程质量。临时支撑主要是指竖向构件的临时斜撑（如可调式钢管斜撑或型钢支撑）。预制剪力墙、柱子在尚未通过后浇与水平构件形成可靠结构体以前自身站立稳定性差，应在吊装就位、吊钩脱钩前，设置工具式斜撑等形式的临时支撑以维持构件自身稳定。

【条文规定】

4.10.3 预制剪力墙、柱安装应设置可靠的临时支撑体系，并应符合下列规定：

2 斜撑与地面的夹角宜呈 45°～60°，其支撑点距离板底的距离不宜小于构件高度的 2/3，且不应小于构件高度的 1/2；

【安全技术图解】

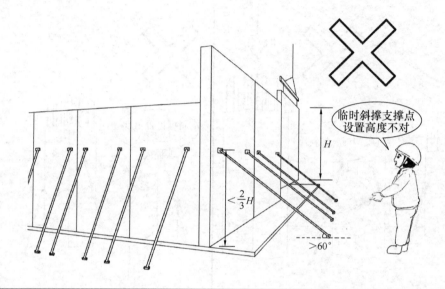

临时斜撑支撑点设置高度不对

【条文解释】

工具式斜撑是确保竖向模板、竖向预制构件自身稳定性最常用的斜向支撑构件，其支撑效果好，可重复利用率高。采用工具式斜撑时，应注意下列事项：

1) 国家标准《混凝土结构工程施工规范》GB 50666—2011 第 9.5.5 条和国家标准《装配式混凝土建筑技术标准》GB/T 51231—2016 中第 10.3.4 条均对斜撑作出了相关规定。

2) 临时斜撑与预制构件一般做成铰接，并通过预埋件进行连接。考虑到临时斜撑主要承受的是水平荷载，为充分发挥其作用，对上部的主斜撑，其支撑点距离板底的距离不宜小于构件高度的 2/3，且不应小于构件高度的 1/2。

3) 斜支撑与地面或楼面应连接可靠，避免出现连接松动而引起竖向预制构件倾覆。

【条文规定】

4.10.3 预制剪力墙、柱安装应设置可靠的临时支撑体系，并应符合下列规定：

3 高大剪力墙等构件宜在构件下部增设一道斜撑；

【安全技术图解一】

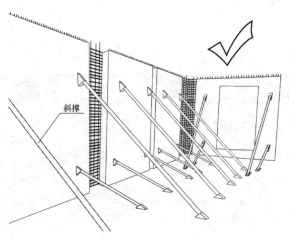

斜撑

【安全技术图解二】

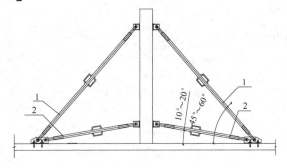

斜支撑布置示意图
1—主斜支撑；2—辅助斜支撑

【条文解释】

本款对高大竖向预制构件的斜向支撑设置作了如下加强规定：

1）对于预制高大剪力墙等构件，临时斜撑一般应安放在其背面，且一般不少于2道。当预制墙板底部没有水平约束时，墙板的每道临时支撑应包括上部斜撑和下部斜撑。

2）为避免高大剪力墙等构件底部发生面外滑动，宜在构件下部再增设一道短斜撑（辅助斜撑），辅助斜撑与地面夹角宜在 $10°\sim20°$ 之间。

【条文规定】

　　4.10.3　预制剪力墙、柱安装应设置可靠的临时支撑体系，并应符合下列规定：

　　4　斜撑应在同层结构施工完毕、现浇段混凝土强度达到规定要求后方可拆除。

【安全技术图解一】

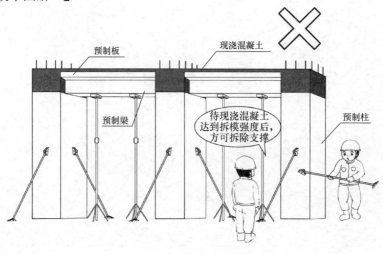

【安全技术图解二】

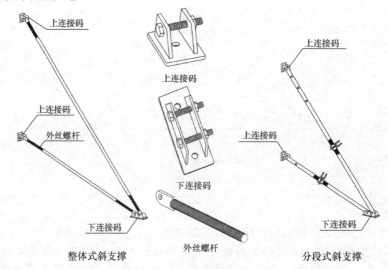

【条文解释】

　　预制柱的斜支撑应在预制柱与连接节点部位后浇混凝土或灌浆料达到设计要求并形成稳定结构体系，且上部构件吊装完成后，方可拆除。

【条文规定】

4.10.4 预制梁、楼板安装应设置可靠的临时支撑体系，应具有足够的承载能力、刚度和整体稳固性。

【安全技术图解】

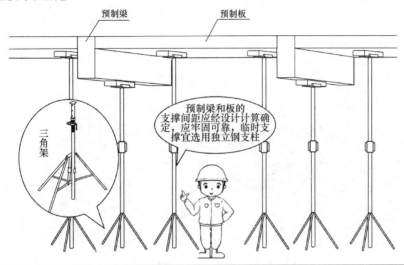

【条文解释】

本条对装配式建筑的水平构件临时支撑的设置作出了基本规定，预制梁、板在浇筑接头前尚不能承受自身重量，亦不具备搁置条件，应设置可靠的临时支撑体系，其构造方式同钢、铝模板的支撑系统，一般采用工具式单立杆支撑形式，且应经过设计计算，超过一定高度时为增加立杆稳定性一般需在根部设置加强三角架，高度再增大时需设置水平杆将单立杆体系连成满堂支撑体系。执行本条时尚应注意下列事项：

1) 根据国家标准《装配式混凝土建筑技术标准》GB/T 51231—2016 中第 10.3.2 条第 5 款的规定制定：临时固定措施、临时支撑系统应具有足够的强度、刚度和整体稳定性，应按现行国家标准《混凝土结构工程施工规范》GB 50666 的有关规定进行验算，当采用工具式单立杆钢支撑时应参考现行行业标准《建筑施工模板安全技术规范》JGJ 162、《组合铝合金模板工程技术规程》JGJ 386 的规定对支撑体系进行验算。

2) 为确保临时支撑系统具有足够的强度、刚度和整体稳定性，临时支撑的间距及其与墙、柱、梁边的间距应经设计计算确定，竖向连续支撑层数不宜少于 2 层且上下层支撑宜对准；叠合板预制底板下部支架宜选用定型独立钢支柱，竖向支撑间距应经计算确定。

3) 临时支撑所用的材料及安全检查应满足现行行业标准《建筑施工模板安全技术规范》JGJ 162、《组合铝合金模板工程技术规程》JGJ 386 和《建筑施工临时支撑结构技术规范》JGJ 300 等相关标准的要求。

【条文规定】

4.10.5　预制构件与吊具应在校准定位完毕及临时支撑安装完成后进行分离。现浇段混凝土强度未达到设计要求，或结构单元未形成稳定体系前，不应拆除临时支撑系统。

【安全技术图解一】

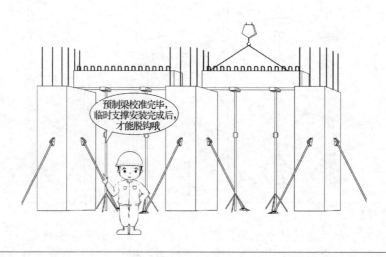

预制梁校准完毕，临时支撑安装完成后，才能脱钩哦

【安全技术图解二】

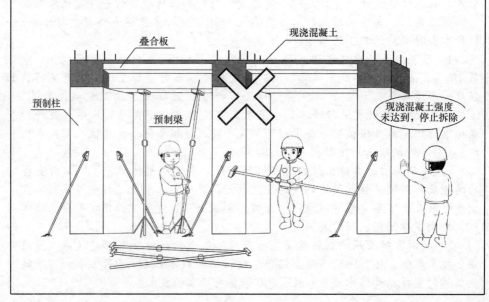

叠合板

现浇混凝土

预制柱

预制梁

现浇混凝土强度未达到，停止拆除

【条文解释】

本条根据现行国家标准《装配式混凝土建筑技术标准》GB/T 51231 和《混凝土结构工程施工规范》GB 50666 的相关规定给出的预制构件临时支撑拆除的相关规定，相关规定说明如下：

1）预制构件与吊具的分离应在校准定位完毕及临时支撑安装完成后进行，否则水平预制构件将无可靠承载体，其空间姿态无法保证。

2）根据国家标准《混凝土结构工程施工规范》GB 50666—2011 中第9.5.4 条的规定制定：预制构件与吊具的分离应在校准定位及临时固定措施安装完成后进行。临时固定措施的拆除应在装配式结构能达到后续施工承载要求后进行（即形成稳定的结构体系后，方可拆除临时支撑）。

3）根据国家标准《装配式混凝土建筑技术标准》GB/T 51231—2016 中第10.3.8 条、第 10.3.9 条、第 10.3.11 条的规定制定：叠合梁、叠合板、预制阳台板、空调板等的临时支撑应在后浇混凝土强度达到设计要求后方可拆除。

4）临时固定措施是装配式结构安装过程承受施工荷载，保证构件定位的有效措施。临时固定措施应在不影响结构承载力、刚度及稳定性的前提下分阶段拆除，对拆除方法、时间及顺序，可事先通过验算制定方案。临时支撑及其连接件、预埋件的设计计算应符合现行国家标准《混凝土结构工程施工规范》GB 50666 中"装配式结构工程"相关章节的有关规定。

【条文规定】

4.10.6 预制构件的安装应符合设计规定的部品组装顺序。

【安全技术图解一】

预制构件安装应符合规定的部品组装顺序

【安全技术图解二】

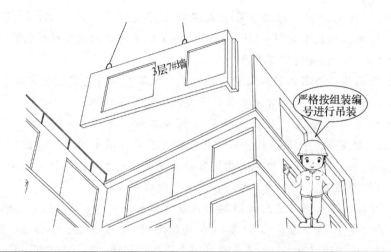

【条文解释】

本条参照国家标准《装配式混凝土建筑技术标准》GB/T 51231—2016 中第10.3.1条第2款的规定制定：预制构件应按照吊装顺序预先编号，吊装时严格按编号顺序起吊。这既是确保施工安全的措施，也是确保施工质量的措施，此处施工中还需注意下列事项：

1）吊装施工时应严格按照设计中各构件规定的吊装顺序依次吊装，若未按设计顺序进行吊装，则相应的支撑体系应重新进行受力验算。

2）根据结构、建筑的特点将柱、梁、内外墙、叠合板、楼梯、阳台等构件进行拆分，并安排好生产及吊装顺序，在工厂内完成标准化生产，现场按组装顺序进行构件吊装。

3）装配整体式框架结构施工流程为：

构件进场验收→构件编号→构件弹线控制→支撑连接件设置复核→预制柱吊装、固定、校正、连接→预制梁吊装、固定、校正、连接→预制板吊装、固定、校正、连接→浇筑梁板层叠合层混凝土→预制楼梯吊装、固定、校正、连接→预制墙板吊装、固定、校正、连接。

4）装配整体式剪力墙结构施工流程为：

弹墙体控制线→预制剪力墙吊装就位→预制剪力墙斜撑固定→预制墙体注浆→预制外填充墙吊装→竖向节点构件钢筋绑扎→预制板内填充墙吊装→支设竖向节点构件模板→预制梁吊装→预制楼板吊装→预制阳台吊装、固定、校正、连接→后浇筑叠合楼板及竖向节点构件→预制楼梯吊装。

1.10 拆除工程

【条文规定】

4.11.1 对建筑物实施人工拆除作业时，楼板上严禁人员聚集或堆放材料，人工拆除建筑墙体时，严禁采用掏掘或推倒的方法。

【安全技术图解一】

【安全技术图解二】

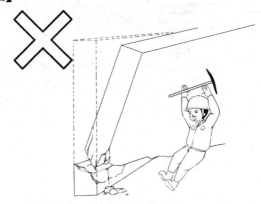

【条文解释】

建筑物拆除时，人员聚集或材料集中堆放，易造成水平构件过载而塌陷。作业人员应在稳定结构、脚手架或作业平台上操作是为了保证作业人员的人身安全。人工拆除建筑墙体时，采用底部掏掘、人工推、拉倒的方式拆除墙体的做法，易引起墙体无规律的坍塌而发生安全事故，必须加强安全监管。

【条文规定】

  4.11.2 大型破碎机械不得上结构物进行拆除，应在结构物侧面进行拆除作业。当起重机械需在桥面或楼（屋）面上进行吊装作业时，应对承载结构进行承载力计算。

【安全技术图解一】

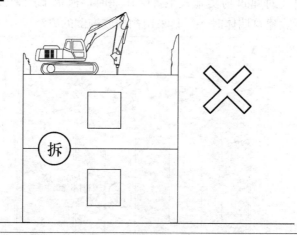

【安全技术图解二】

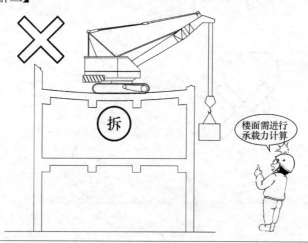

楼面需进行
承载力计算

【条文解释】

  大型破碎机械的自重大，一般情况下均会超过楼板的设计允许荷载；另破碎机械体型庞大，在楼板结构上不便转身和移动，易发生倾覆；破碎机械的功率大，液压锤的强烈振动会超前导致水平构件大面积开裂受损，极易出现安全隐患。

  起重机械自重大，上楼板前，需进行承载力验算，以避免楼板过载而导致起重机械倾覆，楼板塌陷等安全问题。起重机械系大型机械设备，应尽可能避免直接在楼板上进行作业；若上楼作业时，一般应确保机械设备的轮胎或履带位于结构梁或承重墙上。

【条文规定】

4.11.3　当机械拆除建筑时，应从上至下、逐层分段进行；应先拆除非承重结构，再拆除承重结构。拆除框架结构应按楼板、次梁、主梁、柱子的顺序进行施工。对只进行部分拆除的建筑，应先将保留部分加固，再进行分离拆除。

【安全技术图解一】

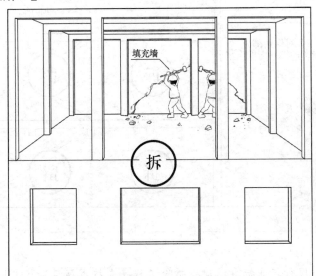

【安全技术图解二】

【安全技术图解三】

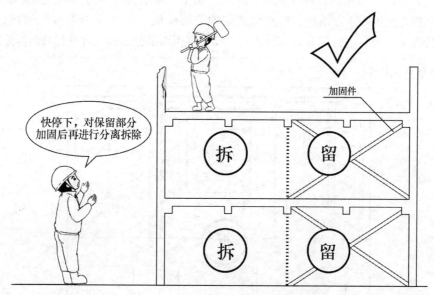

【条文解释】

　　本条参照现行行业标准《建筑拆除工程安全技术规范》JGJ 147 的相关规定制定，规定了机械拆除的原则及顺序，是保障施工作业安全的依据。局部拆除工程中无论是保留部分还是拟拆除部分，为保证安全，均应先加固后拆除，并应通过设计计算保证保留部分为稳定的承载结构体系。

【条文规定】

4.11.7 从事爆破拆除工程的施工单位，应根据爆破拆除等级，在许可范围内从事爆破拆除作业。爆破拆除设计人员应具有承担爆破拆除作业范围和相应级别的爆破工程技术人员作业证。从事爆破拆除施工的作业人员应持证上岗。

【安全技术图解】

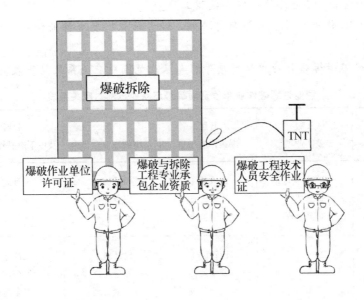

【条文解释】

本条参照国家标准《爆破安全规程》GB 6722—2014、公共安全行业标准《爆破作业单位资质条件和管理要求》GA 990—2012、《爆破作业项目管理要求》GA 991—2012、《爆破作业人员资格条件和管理要求》GA 53—2015 中的相关规定制定，目的是从资质和人员这一管理源头防止爆破拆除造成的安全隐患。对有关事项说明如下：

1) 爆破作业单位应向有关公安机关申请领取《爆破作业单位许可证》后，方可从事爆破作业活动。爆破作业单位分为营业性和非营业性。

2) 非营业性爆破作业单位不实行分级管理，不得从事安全评估和安全监理，不得从事本单位以外爆破项目的设计施工，不得从事超越本单位爆破工程技术人员资质和作业范围的爆破项目的设计和施工。

3）营业性爆破作业单位可承接爆破作业设计、施工、安全评估、安全监理；按照其拥有的注册资本、专业技术人员、技术装备和业绩等条件，分为 A级、B级、C级、D级资质；按单位资质等级及爆破工程技术人员从业范围承接相应等级和范围的岩土爆破、拆除爆破与特种爆破。

4）爆破工程技术人员按高级、中级、初级三个级别实行分级管理，高级和中级人员作业范围分岩土爆破、拆除爆破和特种爆破。高级、中级爆破工程技术人员应按级别和作业范围实施爆破作业；初级人员不得独立进行爆破工程的设计、施工、安全评估和安全监理工作。

5）爆破作业人员应参加专门培训，经考核取得安全作业证后，方可从事爆破作业。

6）营业性爆破作业单位资质等级与从业范围对应关系表见下表。

营业性爆破作业单位资质等级与从业范围对应关系表

资质等级	A级 爆破作业项目	B级 爆破作业项目	C级 爆破作业项目	D级 及以下爆破作业项目
一级	设计施工 安全评估 安全监理	设计施工 安全评估 安全监理	设计施工 安全评估 安全监理	设计施工 安全评估 安全监理
二级	—	设计施工 安全评估 安全监理	设计施工 安全评估 安全监理	设计施工 安全评估 安全监理
三级	—	—	设计施工 安全监理	设计施工 安全监理
四级	—	—	—	设计施工

注：表中 A级、B级、C级、D级为国家标准《爆破安全规程》GB 6722 中规定的相应级别。

【条文规定】

4.11.8 爆破拆除工程的预拆除施工中，不应拆除影响结构稳定的构件。

【安全技术图解一】

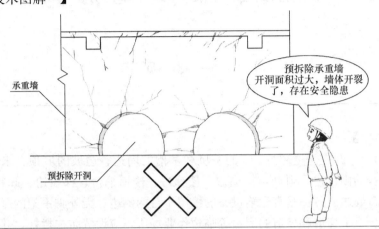

【安全技术图解二】

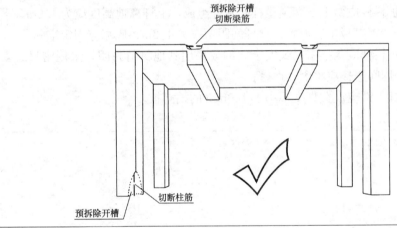

【条文解释】

本条参照现行行业标准《建筑拆除工程安全技术规范》JGJ 147 对爆破预拆除施工作出基本安全规定，现将有关事项说明如下：

1）预拆除的目的有3点：①拆除建筑物非承重部位，减少钻孔作业量及装药量，防止其对爆破效果带来的负面影响；②对承重部位进行必要削弱，以减少钻孔工作量及装药量，使爆破效果大大提高，爆破公害得到有效控制，其中以砖混结构建筑物的承重墙体的预拆除最为重要；③对建筑物某些特殊部位进行必要的削弱，从而降低楼房整体刚性或局部刚性，改善爆破效果。

2）预拆除部位、大小、高度及预留的支撑面积，需经严格计算校核确定，不得凭经验和直觉确定预拆除洞口大小等，避免出现安全隐患。

第2章 高处坠落

2.1 一般规定

【条文规定】

5.1.1 开挖深度超过 2m 的基坑和基槽的周边、边坡的坡顶、未安装栏杆或栏板的阳台边、雨棚与挑檐边、楼梯口、楼梯平台、梯段边、卸料平台、操作平台周边、各种垂直运输设备的停层平台两侧边、无外脚手架的屋面与楼层周边、上下梯道和坡道的周边等临边作业场所，应设置防护栏杆，并应符合下列规定：

1 防护栏杆应由上下两道横杆及立杆组成，上杆离地高度应为 1.2m，下杆应在上杆和挡脚板中间设置；立杆间距不应大于 2m，底端应固定牢固；

3 防护栏杆应张挂密目式安全立网或采用其他材料封闭，采用密目式安全立网时，网间连接应牢固、严密；

5 栏杆下部应设置高度不小于 180mm 的挡脚板。

【安全技术图解】

【条文解释】

护栏是建筑施工中一种极其重要的构件，用于对临边（沟、坑、槽和基坑周边；楼层周边；屋面周边；楼梯侧边；平台及阳台边）及洞口（楼梯口、电梯口、预留洞口）处对人身安全的保护与防护，是"四口五临边"处作业人员的主要防坠安全措施。护栏主要是防止人在各种临边情况下的坠落，故需设置上下两道横杆。

栏杆是一种竖向悬臂结构，为保证其抗水平冲击时的承载力，其竖向栏杆间距不能太大（最大不不超过2m，具体由计算确定），且底端必须固定牢固；以有效传递倾覆力矩。同时为有效起到阻挡作用，护栏竖向面内应满挂安全立网或工具式栏板（或其他材料），近几年随着建筑科技的不断发展，施工现场临边位置也经常采用腹杆式围栏，也能起到很好的防护作用。规定栏杆下部设置挡脚板是为了防止对临边外侧造成物体打击伤害事故。总之"临边必有栏，有栏必有网，有栏必有板"是临边防护的基本要求。

【条文规定】

5.1.1 开挖深度超过2m的基坑和基槽的周边、边坡的坡顶、未安装栏杆或栏板的阳台边、雨棚与挑檐边、楼梯口、楼梯平台、梯段边、卸料平台、操作平台周边、各种垂直运输设备的停层平台两侧边、无外脚手架的屋面与楼层周边、上下梯道和坡道的周边等临边作业场所，应设置安全防护栏杆，并应符合下列规定：

1 防护栏杆的立杆和横杆的设置、固定及连接，应确保防护栏杆在上下横杆和立杆任何部位处，均能承受任何方向1kN的外力作用，当栏杆所处位置有发生人群拥挤、物件碰撞等可能时，应加大横杆截面或加密立杆间距；

2 对坡度大于25°的屋面，防护栏杆高度不应小于1.5m；

【安全技术图解】

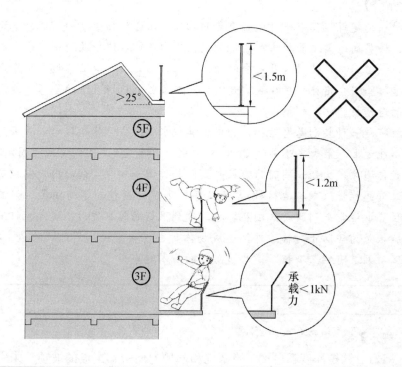

【条文解释】

　　本条第 1 项是对临边栏杆承载力的基本要求。护栏主要作用是防止人在各种可能情况下的坠落，在护栏立杆间距为 2m 时，一般情况下栏杆结构仅承受侧面风压及结构本体自重。当防护栏杆承受"任何方向的最小 1.0kN 外力作用"并承受 $0.4kN/m^2$ 基本风压时进行受力分析与计算，结果显示护栏强度及变形均满足要求，同时护栏进行连接固定的部位也需要保证能承受 1.0kN 外力时不会倾斜变形，这样才能够确保临边作业人员的安全。护栏底部或两侧生根不稳的现象经常发生，严重影响其抗水平荷载的能力，施工现场因高度重视其固定的可靠性。

　　规定大坡度条件下屋面边防护栏杆高度不小于 1.5m，是考虑该条件下人员临边坠落风险增大，并参考现行行业标准《建筑施工高处作业安全技术规范》JGJ 80 对屋面悬空作业安全防护的规定制定的。

【条文规定】

5.1.2 洞口作业场所应采取防坠落措施，并应符合下列规定：

1 非竖向洞口短边边长或直径为 500mm～1500mm 时，应采用盖板覆盖或防护栏杆等措施；

2 非竖向洞口短边边长或直径大于或等于 1500mm 时，应在洞口作业侧设置防护栏杆，洞口应采用安全平网封闭；

3 外墙面等处落地的竖向洞口、窗台高度低于 800mm 的窗洞及框架结构在浇筑完混凝土未砌筑墙体时的洞口，应设置防护栏杆；

4 洞口盖板宜采用工具化盖件，盖板应能承受不小于 1kN 的集中荷载和不小于 $2kN/m^2$ 的均布荷载；

5 洞口应设置警示标志，夜间应设红灯警示。

【安全技术图解】

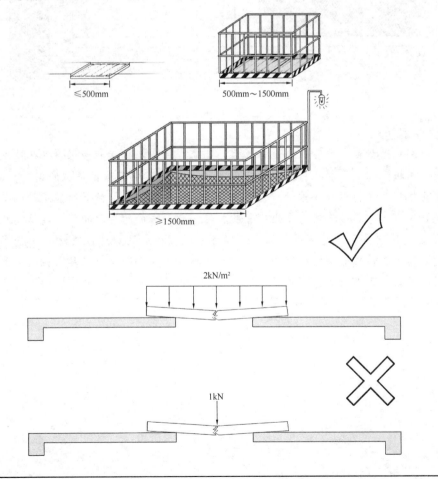

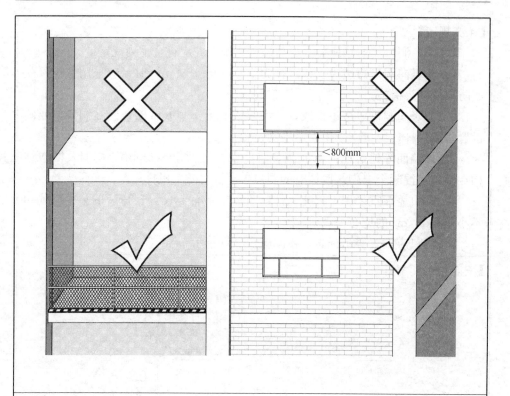

【条文解释】

　　洞口防护措施能防止人员与物体的坠落,各类洞口防护应根据具体情况采取加盖板、设置防护栏杆及水平兜网等措施,盖板应有防止移位的固定措施,禁止使用施工材料随意盖设。盖板主要作用是防人坠落,故对所能承受的荷载进行了规定,盖板一般可采用钢管及扣件组合而成的钢管防护网,网格间距不应大于400mm,同时防护网上应满铺竹笆或木板。洞口边设置防护栏杆时其构造同于临边作业防护栏杆的构造,如张挂密目式安全网或工具式栏板或其他封闭材料,下部设置挡脚板等。

【条文规定】

5.1.3 电梯井口应采取防坠落措施，并应符合下列规定：

1 电梯井口应设置防护门，其高度不应小于1.5m，防护门底端距地面高度不应大于50mm，并应设置高度不小于180mm的挡脚板；

2 在电梯施工前，电梯井道内应每隔2层且不大于10m加设一道安全平网，安装和拆卸电梯井内安全平网时，作业人员应佩戴安全带；

3 电梯井内的施工层上部，应设置隔离防护设施。

【安全技术图解】

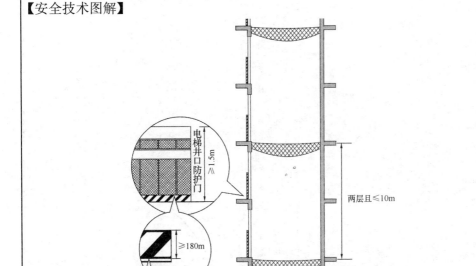

【条文解释】

电梯口是建筑施工现场"四口"中的重点防护部位，其既有竖向洞口防护要求又有水平洞口防护要求，且是重要的交叉作业场所，稍有不慎就可能存在人员高处坠落及物体打击风险，因此，电梯井处历来是施工现场安全防护的重中之重。

本条适合建筑施工过程中的电梯井防护，不适用电梯安装施工。电梯井口防护主要参照了《建筑工程预防高处坠落事故若干规定》（建质［2003］82号）及《施工高处作业安全技术规范》JGJ 80相关规定。电梯井内平网网体与井壁的空隙不得大于25mm，安全网应拉结牢固。

【条文规定】

5.1.4　操作平台四周应设置防护栏杆，脚手板应铺满、铺稳、铺实、铺平并绑牢或扣紧，严禁出现大于150mm探头板，并应布置登高扶梯。装设轮子的移动式操作平台，轮子与平台的接合处应牢固可靠，并有自锁功能。移动式操作平台移动时以及悬挑式操作平台调运或安装时，平台上不得站人。

【安全技术图解】

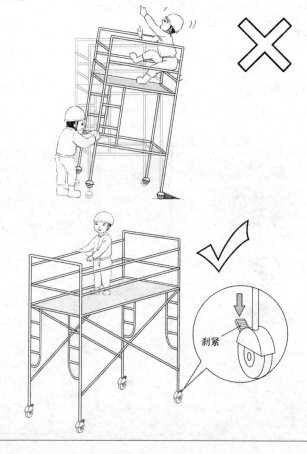

剎紧

【条文解释】

施工现场操作平台根据用途可分为人员作业平台和材料转接用平台，操作平台应按规定设计计算，使用前应经自检并验收合格。该条规定脚轮固定措施，主要是为避免平台在使用过程中的滑移，同时移动式操作平台在移动过程中，其稳定性较差，故严禁载人运行。平台顶面为典型的临边作业场所，应按临边作业要求设置防护栏杆。规定满铺脚手板并规定脚手板探头长度（水平悬臂长度）不大于150mm是为了防止作业人员踩空或踩翻而导致的高处坠落。需注意的是脚手板处应为防滑板，且应固定牢固（竹木脚手板应绑扎牢固，工具式钢制脚手板应扣接紧密，避免浮扣）。

106

【条文规定】

5.1.5 安全网质量应符合现行国家标准《安全网》GB 5725 规定，安装和使用安全网应符合下列规定：

1 安全网安装应系挂安全网的受力主绳，与支撑件的拉结应牢固，其间距和张力应符合相关规定，不得系挂网格绳，安装完毕应进行检查、验收；

2 安全网安装或拆除作业应根据现场条件采取防坠落安全措施；

3 不得将密目式安全立网代替安全平网使用。

【安全技术图解】

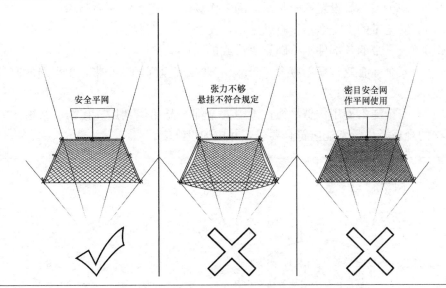

【条文解释】

安全网是施工现场"三宝"中的重要防护物件，设置安全网是防止人员高处坠落和物体打击的有效措施，使用中应注意下列事项：

1）安全平网安装于临边外侧或洞口面水平面，用来防止人、物坠落，或用来避免、减轻坠落及物击伤害。密目式安全立网垂直于水平面安装，用于阻挡人员、视线、自然风、飞溅及失控小物体的网主要服务对象是临边防护栏杆及脚手架外立面。平网与立网使用功能不同，安全平网具有更加良好的耐冲击性能，不能与立网相互替代使用；

2）随着施工工艺的改进，施工现场越来越多采用薄壁钢板冲孔形成的钢网窗均为临边防护立网，不仅抗冲击冲击效果好，而且周转次数高，视觉效果相比柔性立网更高；

3）不管哪种安全网，张挂牢固是其发挥安全防护功能的先决条件，受力主绳应与支撑件拉结牢固，不可草率张挂；

4）立网安装为临边作业，水平网安装为悬空作业，两者作业环境均较恶劣，故其张挂过程均应采取挂安全带等安全防护措施。

【条文规定】

5.1.6　凡在 2m 以上的悬空作业人员，应佩戴安全带，安全带及其使用除应符合现行国家标准《安全带》GB 6095 的规定外，尚应符合下列规定：

1　安全带除应定期检验外，使用前尚应进行检查。织带磨损、灼伤、酸碱腐蚀或出现明显变硬、发脆以及金属部件磨损出现明显缺陷或受到冲击后发生明显变形的，应及时报废；

2　安全带应高挂低用，并应扣牢在牢固的物体上；

3　缺少或不易设置安全带吊点的工作场所宜设置安全带母索；

4　安全带的安全绳不得打结使用，安全绳上不得挂钩；

5　安全带的各部件不得随意更换或拆除；

6　安全绳有效长度不应大于 2m，有两根安全绳的安全带，单根绳的有效长度不应大于 1.2m；

7　安全绳不得用作悬吊绳；不得安全绳与悬吊绳共用连接器，新更换安全绳的规格及力学性能应符合要求，并应加设绳套。

【安全技术图解一】

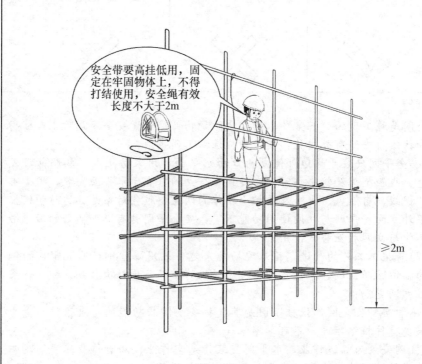

【安全技术图解二】

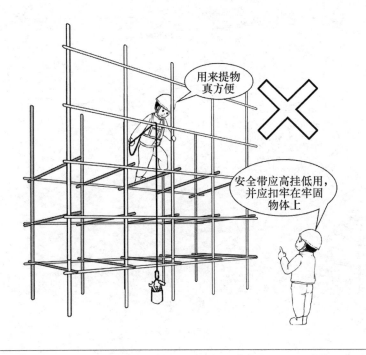

【安全技术图解三】

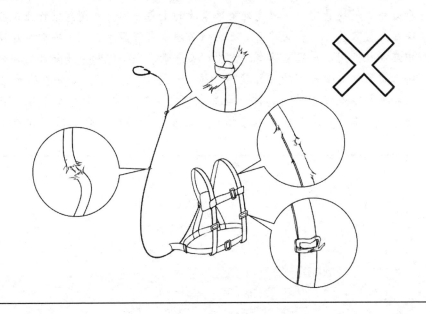

【安全技术图解四】

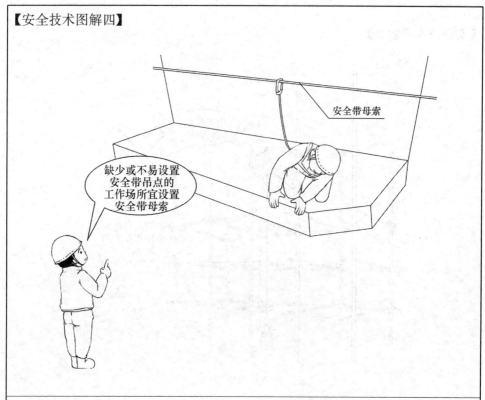

安全带母索

缺少或不易设置
安全带吊点的
工作场所宜设置
安全带母索

【条文解释】

　　安全带是悬空作业环境下防止高处坠落的重要防护用品，未按照要求使用安全带是施工现场悬空作业时高处坠落事故的主要原因。所谓悬空作业是指无脚手架或无可靠作业平台的作业工况，但必须要有可靠落脚点。安全带在使用过程中应高挂低用，一旦坠落事故发生，安全带、安全绳和金属配件的联合力量可将人员拉住，使实际冲击距离减小或使之不坠落掉下。如安全带磨损严重、锁扣未扣牢或任意更换部件，坠落事故发生时，安全带易发生脱落或断裂，导致安全事故发生。作业人员体重及负重之和超过 100kg 时不宜使用安全带。

【条文规定】

5.1.7　高处作业应设置专门的上下通道，攀登作业人员应从专门通道上下。上下通道应根据现场情况选用钢斜梯、钢直梯、人行塔梯等，各类梯道安装应牢固可靠，并应符合下列规定：

　　1　当固定式直梯攀登高度超过3m时，宜加设护笼；当攀登高度超过8m时，应设置梯间平台；

　　2　人行塔梯顶部和各平台应满铺防滑板，并应固定牢固，四周应设置防护栏杆，当高度超过5m时，应与建筑结构间设置连墙件；

【安全技术图解一】

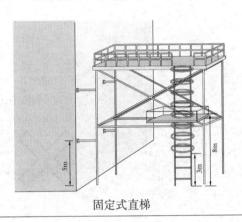

固定式直梯

【安全技术图解二】

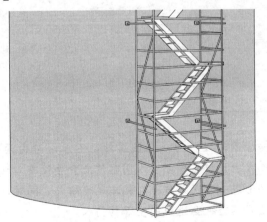

人行塔梯（高度超过5m时设连墙件）

【条文解释】

　　对于固定式直梯，护笼是固定在梁梯上，用于保护攀登者安全的构件，护笼与梯间平台需设有适当的空间，能够安全的进出平台，以保护使用者的安全。

　　人行塔梯是一种工具式钢管架搭设的折线形临时楼梯，安全实用，因为设置高度较大，为增加其稳定性，应与结构物设置可靠附墙连接。连墙件主要是约束塔梯和平台平面外变形，防止整体失稳，从而保证塔梯、平台及使用者安全。

【条文规定】

5.1.7 高处作业应设置专门的上下通道，攀登作业人员应从专门通道上下。上下通道应根据现场情况选用钢斜梯、钢直梯、人行塔梯等，各类梯道安装应牢固可靠，并应符合下列规定：

3 上下直梯时，人员应面向梯子，且不得手持器物；

6 同一梯子上不得有两人同时作业。

【安全技术图解】

【条文解释】

各种攀登用梯除专门设计为多人使用外，不应同时由两人及以上同时作业，这主要是考虑在使用过程中，多人同时作业会导致重心改变，易发生坠落事故。且多人上梯形成上下交叉作业，施工风险增大，同时，手持器物会影响攀登作业，器物放置不当也会造成高空落物伤人。

【条文规定】

5.1.7 高处作业应设置专门的上下通道，攀登作业人员应从专门通道上下。上下通道应根据现场情况选用钢斜梯、钢直梯、人行塔梯等，各类梯道安装应牢固可靠，并应符合下列规定：

4 单梯不得垫高使用，直梯如需接长，接头不得超过1处；

5 使用折梯时，铰链应牢固，并应有可靠的拉撑措施。

【安全技术图解】

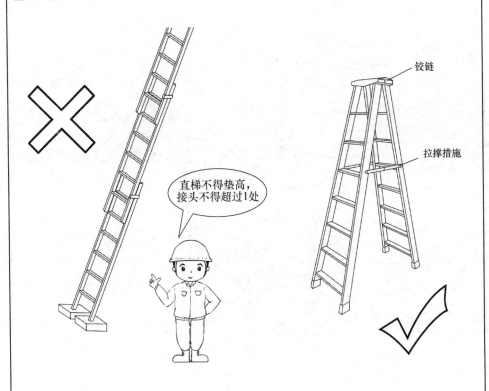

【条文解释】

在施工现场，往往发生单梯违规接长使用，或折梯不设置拉撑措施等情况，这些都是习惯性违章，安全隐患较大。单梯接头数量过多，易引起单梯梯梁承载力不满足要求而引发事故，梯梁端部连接处是薄弱环节，使用中极易破坏，因此，接头部位应连接牢固。折梯应有可靠拉撑措施，主要是在使用过程中防止折梯受外力而导致折梯向两边过度分离而倒塌，折梯使用中上部夹角保持在 $35°\sim50°$ 为宜，顶部铰链应牢固。

【条文规定】

5.1.7 高处作业应设置专门的上下通道，攀登作业人员应从专门通道上下。上下通道应根据现场情况选用钢斜梯、钢直梯、人行塔梯等，各类梯道安装应牢固可靠，并应符合下列规定：

7 脚手架操作层上不得使用梯子作业。

【安全技术图解】

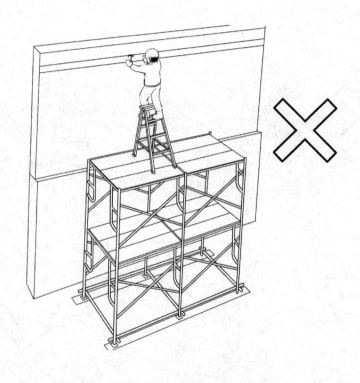

【条文解释】

梯子的作用是人员上下而不宜作为施工操作。在脚手架操作层上使用梯子作业，梯子容易因基础不稳失去平衡而翻到，加之作业平台上栏杆高度不够，会导致人员坠落到平台外而引发安全事故。施工现场确因高度不够，可增加操作平台高度。

【条文规定】

　　5.1.8　高处作业不得使用座板式吊具或自制吊篮。

【安全技术图解】

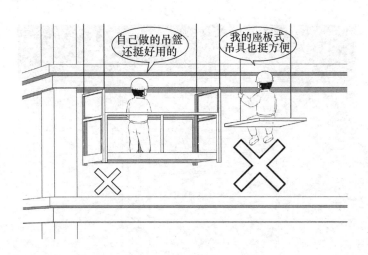

【条文解释】

　　自制吊篮无生产许可证、产品合格证，同时未对吊篮进行专项设计，且缺乏相关安全装置，一般也未经承载力检验，安全性能就无法保证，在使用中极易发生安全事故，因此高处作业吊篮应具有相应资质厂家生产的产品，安装时应按专项方案及产品使用说明书要求，在专业人员的指导下实施。根据现行国家标准《座板式单人吊具悬吊作业安全技术规范》GB 23525的规定，座板式吊具仅用于建筑物清洗、粉饰及养护悬吊作业，不适用于高处安装和吊运作业，因此，建筑施工高处作业不得使用座板式吊具。

【条文规定】

　　5.1.9　作业场地应有采光照明设施。

【安全技术图解】

【条文解释】

　　作业场地设置采光照明设施是最基本的施工作业环境要求。合理的采光和照明不仅能保证良好的视觉工作条件，减轻视觉疲劳，防止由于照度不足而引起的职业性眼病，减少高处坠落事故，且能使提高产品质量和劳动生产率。

【条文规定】

5.1.10 遇有冰、霜、雨、雪等天气的高处作业，应采取防滑措施。

【安全技术图解】

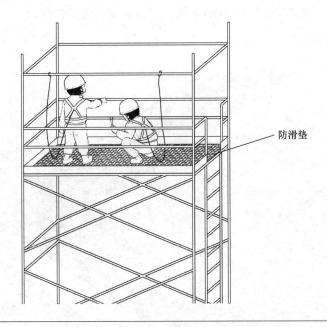

防滑垫

【条文解释】

　　冰、霜、雨、雪等天气条件下，作业处踩踏面摩擦系数较低，可能导致安全隐患的增加，易导致滑跌伤害事故或高处坠落的发生，应采取一定的防滑措施，如清除冰雪、铺设防滑垫、穿软底防滑鞋等，以避免安全事故的发生。凡雨、霜、雪后，上作业平台或脚手架作业前，应及时清除水、冰、霜、雪。

2.2 基坑工程

【条文规定】

　　5.2.1　开挖深度超过2m的基坑，周边应安装防护栏杆。

【安全技术图解】

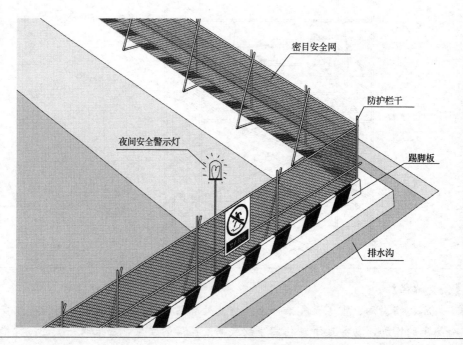

【条文解释】

　　基坑开挖及坑内作业过程中，坑边是典型的临边作业场所，时常有坠落伤亡事故发生，故开挖深度超过2m的基坑周边应按临边作业要求安装防护栏杆。基坑临边护栏，常用钢管设上下两道水平杆，并立挂密目安全网或钢板网窗。随着标准化、工具式的防护栏杆大量出现，钢管搭设的栏杆也越来越少使用。基坑防护栏杆其主要作用如下：

　　1）使工地更加整洁美观、文明安全。

　　2）警示过往机动车辆靠太近基坑边缘而造成塌方。

　　3）防止临坑作业人员不小心掉入基坑。同时，防止杂物掉入基坑，从而对基坑内作业人员造成物体打击伤害。

　　现行行业标准《建筑深基坑工程施工安全技术规范》JGJ 311及《建筑施工土石方工程安全技术规范》JGJ 180中均针对基坑周边临边防护作出了严格规定，可见基坑边临边防护的重要性。

【条文规定】

5.2.2 作业人员严禁沿坑壁、支撑或乘坐运土工具上下基坑，应设置专用斜道、梯道、扶梯、入坑踏步等攀登设施，并应符合下列规定：

1 当设置专用梯道时，梯道应设扶手栏杆，梯道的宽度不应小于1m；

2 梯道的搭设及使用应符合本标准第5.1.7条的规定；

3 当采用坡道代替梯道时，应加设间距不大于400mm的防滑条等防滑措施。

【安全技术图解一】

【安全技术图解二】

【条文解释】

人员上下基坑作业属于攀爬作业，故基坑内应设置供施工人员上下的安全专用梯道、坡道等攀爬设施。梯道结构应安全可靠，防护栏杆应安装牢固，并应有足够的承载力和刚度。严禁作业人员攀爬坑壁、支撑等危险性行为。坡道因处于倾斜状态，人员易滑倒、摔倒等，故增加防滑措施是必要的安全基础工作。

【条文规定】

　　5.2.3　降水井、开挖孔洞等部位应按本标准第 5.1.2 条的规定设置防护盖板或防护栏杆，并应设置明显的警示标志。

【安全技术图解】

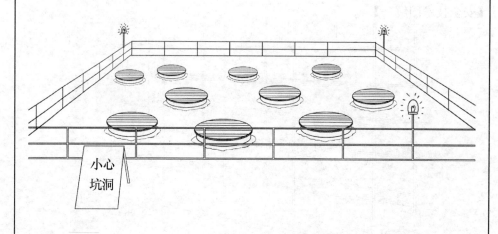

小心
坑洞

【条文解释】

　　地基基坑施工阶段，地面各种井、孔洞较多，如桩孔、基槽、降水井这些都是典型的临洞口作业环境。人员误入降水井、开挖孔洞造成受伤，是施工现场常见安全事故之一。盖板和围栏防护措施能防止人员坠落，但必须有防止移位的固定措施，另外不允许用施工材料随意盖设。

【条文规定】

5.2.4 当基坑施工设置栈桥、作业平台时，应设置临边防护栏杆。

【安全技术图解】

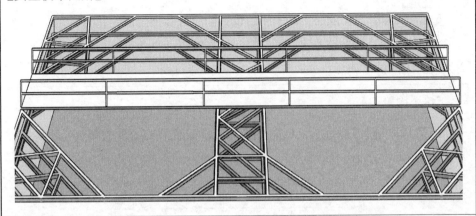

【条文解释】

大型深基坑开挖目前越来越多采用在基坑内设置施工栈桥的施工工艺，施工栈桥一般与上道水平支撑合二为一。栈桥主要供施工机械如挖机、运输车辆及作业人员通行需要，也可作为轨道式塔吊基础，还可以作为混凝土浇筑及钢筋加工等临时场地。由于其作用的多样性，导致不同作业人员出现在栈桥上的频率较高，且栈桥距基坑底距离大，故其临边安装护栏及其他防护措施，是避免高处坠落事故发生的必要安全措施。

2.3　脚 手 架 工 程

【条文规定】

5.3.1　脚手架作业层上脚手板的设置，应符合下列规定：

1　作业平台脚手板应铺满、铺稳、铺实、铺平；

2　脚手架内立杆与建筑物距离不宜大于 150mm；当距离大于 150mm 时，应采取封闭防护措施。

【安全技术图解一】

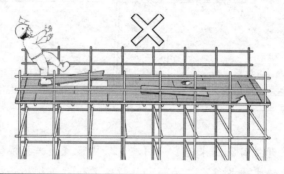

【安全技术图解二】

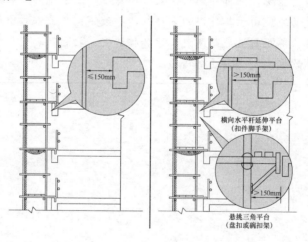

【条文解释】

脚手架作业层脚手板作用是便于作业人员在其上方行走、转运材料和施工作业。牢固、严密铺设脚手板是脚手架上防止人员踏空、踩翻而导致高处坠落的基本安全保证措施。特别应注意的是，作业层边缘与建筑物之间的间隙大于 150mm 时，极易发生坠落事故，类似于临洞口作业环境，应采取封闭防护措施，如将横向水平杆向建筑物伸出铺设脚手板或设置悬挑内平台铺设脚手板等。

【条文规定】

5.3.1 脚手架作业层上脚手板的设置，应符合下列规定：

3 工具式钢脚手板应有挂钩，并应带有自锁装置与作业层横向水平杆锁紧，不得浮放；

4 木脚手板、竹串片脚手板、竹笆脚手板两端应与水平杆绑牢，作业层相邻两根横向水平杆间应加设间水平杆，脚手板探头长度不应大于150mm。

【安全技术图解一】

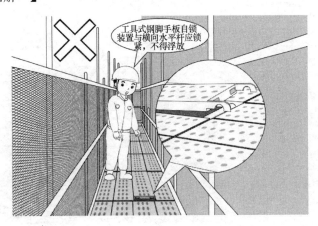

【安全技术图解二】

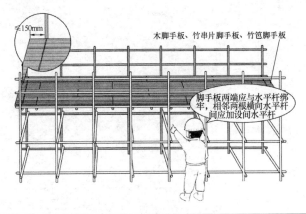

【条文解释】

若工具式钢脚手板自锁装置与作业层横向水平杆未锁紧或浮放于架体上，人员踩上去易发生踩空甚至坠落危险。探头板是指脚手板搭设时有一端悬挑超出脚手架横向水平150mm的脚手板，人若不留意踩在悬挑出去的脚手板一端，易发生倾翻，存在坠落危险。为了防止此类事故发生，可采取作业层相邻两根横向水平杆间应加设间水平杆，将脚手板两端与水平杆采用铁丝绑牢，并控制脚手板探头长度不大于150mm等系列措施。

【条文规定】

　　5.3.2　脚手架作业层上防护栏杆的设置，应符合下列规定：

　　1　扣件式和普通碗扣式钢管脚手架应在外侧立杆0.6m及1.2m高处搭设两道防护栏杆；

　　2　承插型盘扣式和高强碗扣式钢管脚手架应在外侧立杆0.5m及1.0m高的立杆节点处搭设两道防护栏杆。

【安全技术图解一】

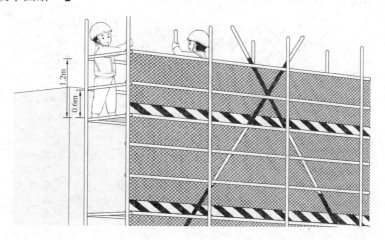

【安全技术图解二】

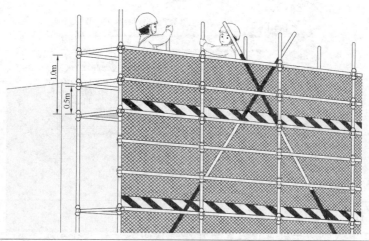

【条文解释】

　　人员在脚手架作业层进行施工操作属于典型的临边作业，应在外侧立杆通过设置防护栏杆、密目安全网来预防人员高处坠落，防护栏杆应整齐牢固，并与现场规范化管理相适应。需注意的是，当采用工具式脚手架时，防护栏杆的设置高度应与碗扣、盘扣等工具式脚手架的节点节距模数相统一。

【条文规定】

　　5.3.2　脚手架作业层上防护栏杆的设置，应符合下列规定：

　　3　防护栏杆下部应设置高度不小于 180mm 的挡脚板；

　　4　防护栏杆和挡脚板均应设置在外立杆内侧。

【安全技术图解】

【条文解释】

　　挡脚板是设置在脚手架上外立杆一侧，防止高空坠物的铝制、木板或者胶合板，它的作用是如果有物件掉落或人员摔倒，滚落到脚手架边上时，挡脚板可以将其挡住，避免高空坠落及物体打击事故发生。防护栏杆和挡脚板若设置在外立杆外侧，在外力的冲击下易脱落。

【条文规定】

　　5.3.3　脚手架外侧应采用密目式安全立网全封闭，不得留有空隙，并应与架体绑扎牢固。

【安全技术图解】

密目安全立网要全封闭，不得破损并与架体绑扎牢固

【条文解释】

　　本条对脚手架外侧密目式安全立网设置给出了严格的要求。脚手架作业架作业层是一种特殊的空中操作平台，同其他类型的操作平台一样（如移动式操作平台、悬挑式操作平台）临边设置安全网，但脚手架还必须设置外立面满挂的安全网，这既是安全防护的需要，也是扬尘施工的需要，还是施工外立面安全文明施工的需要。

　　密目安全网属于国家特种劳动防护用品，其作用是在建筑工人失手（失足）坠落时，减轻人员伤亡程度。安全网安装时，密目式安全立网上的每个扣眼都必须穿入符合规定的纤维绳，系绳绑在支撑物或架上，应符合打结方便，连接牢固，易于拆卸的原则。

　　安全网标准规格每 10cm×10cm 的面积上，应有 2000 个网目，应有检验证，出厂时应做耐贯穿试验，将网与地面成 30°夹角，在中心上方 3m 处用 5kg 重钢管垂直自由落下不穿透为合格。

【条文规定】

　　5.3.4　脚手架作业层脚手板下宜采用安全平网兜底，以下每隔不大于10m应采用安全平网封闭。

【安全技术图解】

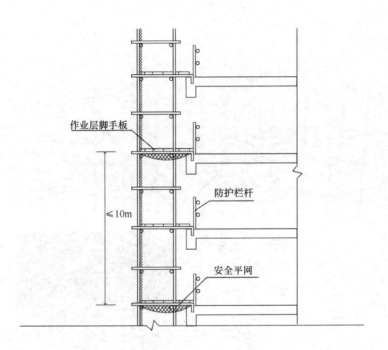

【条文解释】

　　脚手架为离地高度较大的空中作业平台，由于脚手板铺设而造成的人员高坠隐患较突出，因此，应在作业层上兜安全平网以增加安全储备。

　　安全平网由网体、边绳、系绳和筋绳构成。网体由网绳编结而成，具有菱形或方形的网目。平网每个系结点上的边绳应与支撑架靠紧，边绳的断裂张力不得小于7kN，系绳沿网边应均匀分布，间距不得大于750mm。

【条文规定】

　　5.3.5　当遇6级及以上大风、雨雪、浓雾天气时，应停止脚手架的搭设与拆除作业以及脚手架上的施工作业。雨雪、霜后脚手架作业时，应有防滑措施，并应扫除积雪。夜间不得进行脚手架搭设与拆除作业。

【安全技术图解】

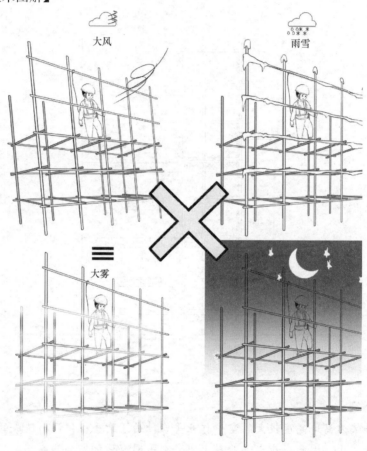

大风

雨雪

大雾

【条文解释】

　　脚手架搭设过程架体处于尚未完整结构体系，构造较为薄弱，且搭设作业过程未形成可靠作业平台，属于悬空作业，搭设作业危险性较大，故应避开不良气候条件进行搭设作业，拆除过程亦如此。其中，6级以上大风是指风速超过10.8m/s～13.8m/s的风。脚手架的搭设与拆除作业以及脚手架上的施工作业过程中除遇到以上气候条件外，遇到其他可能导致安全隐患增加的气候条件亦应按相关要求采取安全保障措施，必要时应停止搭拆作业及架上施工作业。

【条文规定】

　　5.3.6　搭设和拆除脚手架作业应有相应的安全设施，操作人员应佩戴安全帽、安全带和防滑鞋。

【安全技术图解】

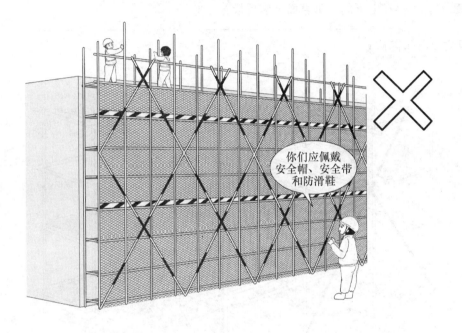

你们应佩戴安全帽、安全带和防滑鞋

【条文解释】

　　安全帽、安全带和安全网是建筑工人的安全"三宝"。搭、拆脚手架的过程中交叉作业和悬空作业较多，因此正确佩戴安全帽，正确使用安全带显得尤为重要。安全帽穿戴前认真检查安全帽有无裂纹、碰伤痕迹、凹凸不平、磨损，穿戴前将帽后调整带按照自己头型调整到合适位置。安全帽不可歪戴以及将帽檐戴在脑后方，应系紧下颚带，调节好后箍。安全带使用应在距坠落高度基准面2m或2m以上有可能坠落的高处进行的作业，挂点必须固定与可靠，挂点应当能够承受22kN的力，高挂低用。

　　搭、拆脚手架的过程中，作业人员多数情况下需踩在钢管上操作，脚下打滑风险极大，因此，必须正确穿防滑鞋。防滑鞋应根据作业场所选择相应的防滑鞋，穿戴前要检查有无破损、裂缝，鞋带是否完好，鞋跟是否完好。

2.4 模板工程

【条文规定】

5.4.1 上下模板支撑架应设置专用攀登通道，不得在连接件和支撑件上攀登，不得在上下同一垂直面上装拆模板。

【安全技术图解】

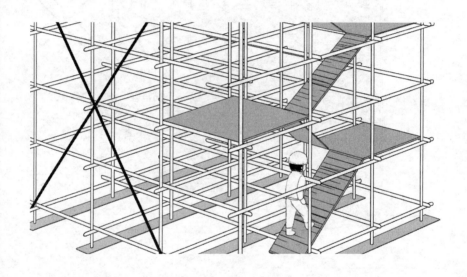

【条文解释】

根据攀登作业的相关安全技术规定，人员上下作业必须有可靠的梯道或坡道，上下支模架亦如此。禁止在连接件、杆件和模板上攀登，主要是因为攀登这些构件易造成踩踏不稳而导致人员跌落。

【条文规定】

5.4.2 模板安装和拆卸时，作业人员应有可靠的立足点，应采取防护措施，并应符合下列规定：

1 在坠落基准面 2m 及以上高处搭设与拆除柱模板及悬挑结构的模板，应设置操作平台。

【安全技术图解】

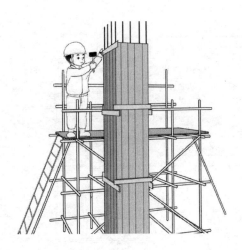

【条文解释】

搭设与拆除柱模板及悬挑结构的模板，大都属于高处作业且无可靠落脚点，必须搭设可靠牢固的操作平台方可进行模板安拆施工。

【条文规定】

　　5.4.2　模板安装和拆卸时，作业人员应有可靠的立足点，应采取防护措施，并应符合下列规定：

　　2　支设临空构筑物模板时，应搭设支架或脚手架。

【安全技术图解】

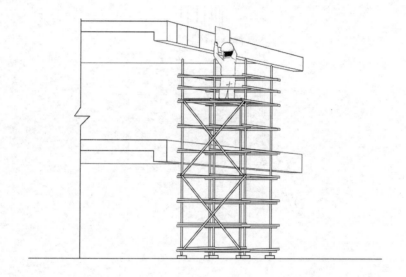

【条文解释】

　　支设临空构筑物模板时，属于典型的悬空作业处，应有牢靠的立足点，一般需搭设支架或脚手架，一方面形成可靠作业平台，另一方面提供临边防护。

【条文规定】

5.4.2 模板安装和拆卸时，作业人员应有可靠的立足点，应采取防护措施，并应符合下列规定：

3 悬空安装大模板时，应在平台上操作，吊装中的大模板，不得站人和行走。

【安全技术图解】

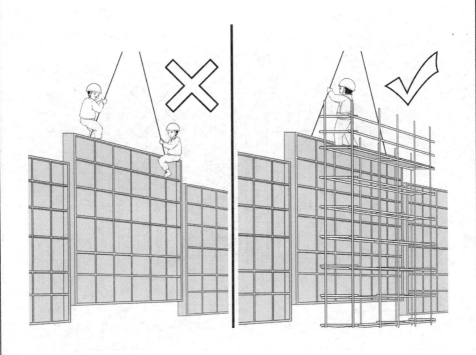

【条文解释】

大模板是采用专业设计和工业化加工制作而成的一种工具式模板，由于其尺寸大、体型大，在安装和吊装过程中，特别是挂吊钩等操作时，人员为了方便，时常在模板上行走或操作，极易发生高处坠落事故，故必须严格禁止。新发布的行业标准《建筑工程大模板技术标准》JGJ/T 74—2017 中，也有类似的规定，如第6.1.4条第1款规定：吊装大模板应设专人指挥，模板起吊应平稳，不得偏斜和大幅度摆动；操作人员应站在安全可靠处，严禁施工人员随同大模板一同起吊。

【条文规定】

5.4.2 模板安装和拆卸时，作业人员应有可靠的立足点，应采取防护措施，并应符合下列规定：

4 拆模高处作业时，应配置登高用具或搭设支架。

【安全技术图解】

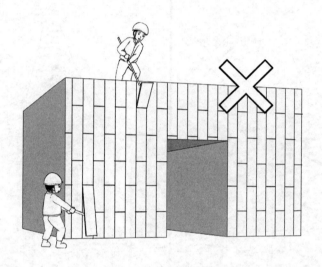

【条文解释】

模板拆除是混凝土结构施工的必须工序，有些部位的高处模板拆除时并无脚手架，临边坠落风险大，且需上下攀爬，作业条件差。为防止人员高坠，拆模高处作业时，必须有登高用具或支架。复杂结构的模板拆除还应设置专用操作平台等安全措施，并有专人指挥。

【条文规定】

5.4.3 当模板上有预留孔洞时，应在安装后及时将孔洞覆盖。

【安全技术图解】

【条文解释】

模板工程施工中，不可避免的需要预留孔洞，形成临洞口作业场所，为防止作业人员从孔洞中坠落，模板上的预留孔洞要及时的封闭，封闭要牢固、严密，不得随意拆除。模板施工阶段的孔洞相比已施工完楼层上的孔洞更容易被忽略且不易采取封堵等防护措施，因此应注意该类风险。

【条文规定】

5.4.4 翻模、爬模、滑模等工具式模板应设置操作平台，上下操作平台间应设置专用攀登通道。

【安全技术图解】

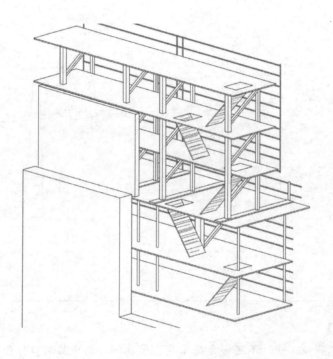

【条文解释】

随着建筑业的发展，目前爬模、滑模已成为工具式的脚手架，通常模板体系自带操作平台及通道，但在一些工程依然会用到自制的简易翻模，为防止人员攀爬模板，造成高坠事故，设计时必须设置可靠牢固的操作平台和平台间通道。

2.5 钢筋及混凝土工程

【条文规定】

　　5.5.1　当绑扎钢筋和安装钢筋骨架需悬空作业时，应搭设脚手架和上下通道，不得攀爬钢筋骨架。

【安全技术图解】

【条文解释】

　　绑扎钢筋和安装钢筋骨架，不可避免地存在高处悬空作业，必须搭设必要的脚手架和上下梯道（或坡道），为操作人员提供安全工作面和上下攀爬通道，避免产生坠落事故。

【条文规定】

　　5.5.2　当绑扎圈梁、挑梁、挑檐、外墙、边柱和悬空梁等构件的钢筋时，应搭设脚手架或操作平台。

【安全技术图解】

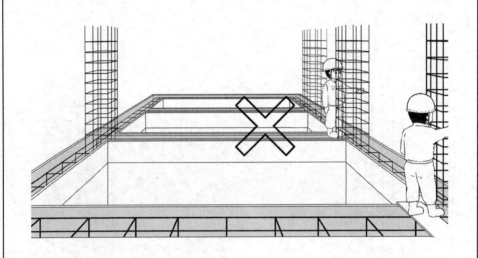

【条文解释】

　　本条所述的操作部位处在临边或落脚点狭小之处，比一般的建筑结构内部钢筋绑扎操作部位更具有高处坠落的危险性，应搭设脚手架或操作平台，解决高处悬空作业人员落脚点问题，从根本上采取预防措施。

【条文规定】

5.5.3 当绑扎立柱和墙体钢筋时，不得站在钢筋骨架上或攀登骨架作业。在坠落基准面 2m 及以上高处绑扎柱钢筋，应搭设操作平台。

【安全技术图解】

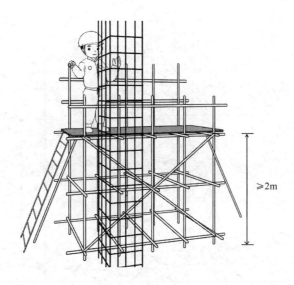

≥2m

【条文解释】

立柱和墙体钢筋绑扎时，人员不可避免地需进行登高作业，施工现场人员往往图方便而直接踩在钢筋上作业或直接攀爬钢筋骨架等，导致作业人员立足点不可靠或存在攀登坠落风险。平台（或脚手架）和爬梯是不可忽略的高处作业安全设施。

【条文规定】

  5.5.4 在高处进行预应力张拉操作前，应搭设操作平台。

【安全技术图解】

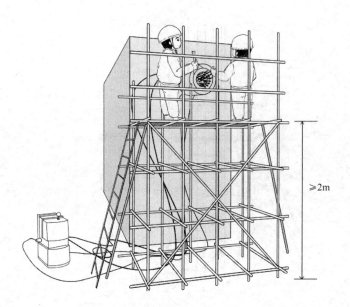

≥2m

【条文解释】

  本条规定的目的是为给进行预应力张拉的操作人员或设置张拉设备提供牢固可靠的操作面。当操作部位较低时，可采用落地式或移动式操作平台；当操作部位较高时，可采用悬挂式操作平台。

【条文规定】

5.5.5 当临边浇筑高度 2m 及以上的混凝土结构构件时，应设置脚手架或操作平台。

【安全技术图解】

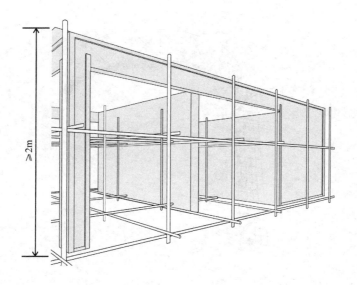

【条文解释】

距地（或楼层）2m 以上的混凝土浇筑作业部位主要包括：框架、过梁、雨棚和小平台等混凝土构件或悬挑的混凝土梁、檐、外墙和边柱等特殊部位构件，这些构件施工时一般无外脚手架，且无已浇筑完成的楼板作为作业平台。此时切不可冒险进行无防护条件的临边作业。

【条文规定】

　　5.5.6　当浇筑储仓或拱形结构时，应从下而上交圈封闭，并应搭设脚手架。

【安全技术图解】

【条文解释】

　　储仓及拱形结构，一般为高大构筑物，常用施工方法为滑动模板系统等。为了避免风力造成架体变形破坏，同时更好地为操作人员提供操作作业点，并做好防坠落措施，故应采取交圈封闭并搭设脚手架。

2.6 门窗工程

【条文规定】

5.6.1 门窗作业时，应有防坠落措施。操作人员在无安全防护措施时，不得站在樘子、阳台栏板上作业；当门窗临时固定、封填材料未达到强度以及施焊作业时，不得手拉门窗进行攀登。

【安全技术图解】

【条文解释】

操作人员站在樘子、阳台栏板上作业为高危的悬空作业，且不便搭操作平台，缺乏可靠立足点，作业中应系好安全带做好防护措施，预防高处坠落。门窗临时固定、封填材料未达到强度以及施焊作业时，因其安装还未牢固，不得手拉、攀登。

【条文规定】

5.6.2 当在高处外墙安装门窗、且无外脚手架时，操作人员应系好安全带，其保险钩应挂在操作人员上方的可靠物件上。

【安全技术图解】

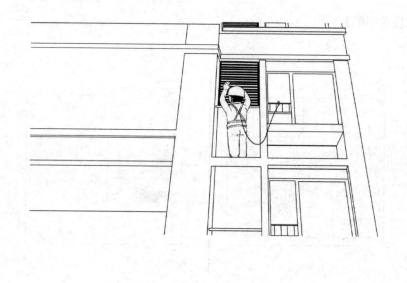

【条文解释】

当外脚手架拆除后，外墙门窗安装是典型的高危悬空作业，为了保证作业人员的安全，应系好安全带，安全带应高挂低用，为了保障维修、安装作业人员的安全，建议在外墙上预留供维修、安全作业人员使用可靠的安全常悬挂点。

【条文规定】

　　5.6.3　当进行各项窗口作业时，操作人员的重心应位于室内，不得在窗台上站立，必要时应系好安全带进行操作。

【安全技术图解】

【条文解释】

　　在窗口作业时，若操作人员的重心位于室外，在操作过程中一旦身体失稳易发生高处坠落事故，为了保证作业人员的安全，窗口作业中人员不得在窗台上站立，必要时应系好安全带进行操作。

2.7 吊装与安装工程

【条文规定】

5.7.1 起重吊装悬空作业应有安全防护措施,并应符合下列要求:

1 结构吊装应设置牢固可靠的高处作业操作平台或操作立足点;

2 操作平台外围应设置防护栏杆;

3 操作平台面应满铺脚手板,脚手板应铺平绑牢,不得出现探头板;

4 人员上下高处作业面应设置爬梯,梯道的构造应符合本标准第5.1.7条的规定。

【安全技术图解一】

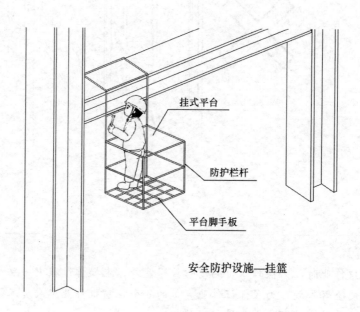

挂式平台

防护栏杆

平台脚手板

安全防护设施—挂篮

【安全技术图解二】

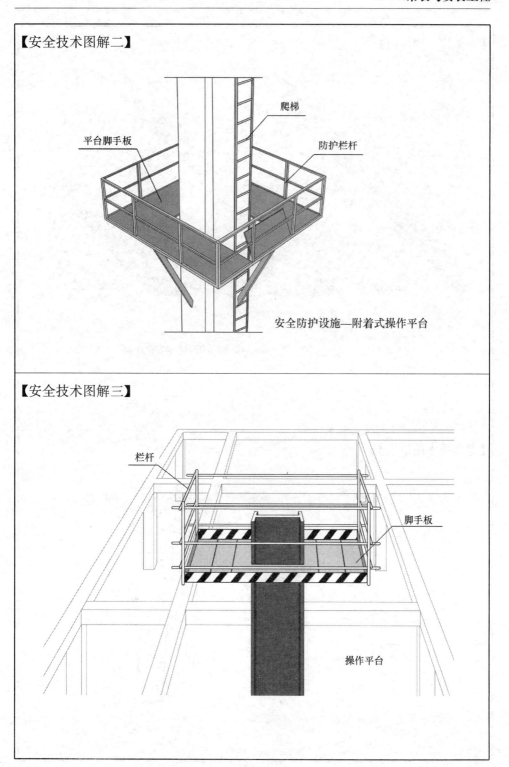

安全防护设施—附着式操作平台

【安全技术图解三】

操作平台

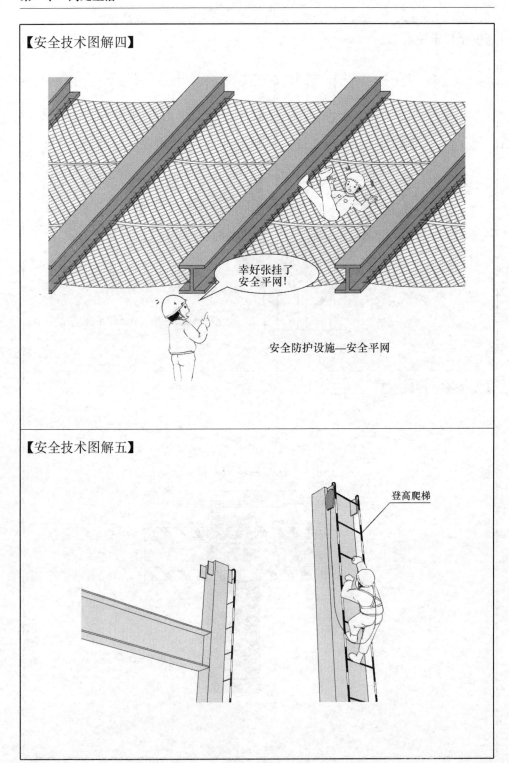

【安全技术图解四】

安全防护设施—安全平网

【安全技术图解五】

【安全技术图解六】

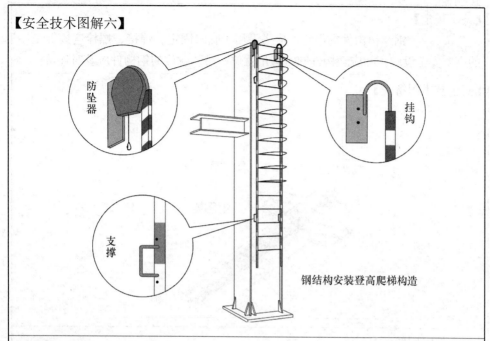

防坠器

挂钩

支撑

钢结构安装登高爬梯构造

【条文解释】

近年来随着国家产业政策的调整，装配式建筑和钢结构建筑不断发展，越来越多，该类工程全部结构构件和施工机具、材料及各种安全防护设施材料均需吊装、吊运。从目前现状来看，由于安全防护设施跟不上，装配式结构和钢结构施工高空坠落事故有呈上升的趋势。

为确保作业人员生命安全，减少作业人员高空坠落的风险，应设置必要的高空安全防护设施，如登高爬梯及防坠器、操作平台、安全绳、安全平网、防护栏杆、登高作业车等，从而避免或减少悬空状态下的作业。基于此，就吊装与安装作业安全防护设施的设置作如下说明：

1) 本条是针对起重吊装作业安全防护提出的一般原则性规定，具体防护规定应根据吊装类型和作业条件确定并执行。

2) 起重吊装作业时设置登高作业爬梯、操作平台、安全带悬挂点是基本安全防护要求。

3) 对于高空作业，无法使用安全防护绳（生命线）以及安全带无处悬挂等无法保障施工人员人身安全的作业部位，需在施工作业面下张挂水平安全网，比如铺设屋面板作业等。

4) 为便于进行柱梁接头处紧固高强螺栓和焊接作业，应在柱梁节点下方安装挂式或附墙式操作平台，人员应站在操作平台上，安全带挂在防护栏杆上。操作平台的防护栏杆设置应满足临边防护要求，且脚手架应铺设严密。

5) 为便于登高，吊装柱子前应将登高爬梯固定在钢柱上一起吊装，工人高空上下时必须将安全带扣挂在爬梯上，以防止失足坠落事故发生。

【条文规定】

　　5.7.2　钢结构构件的吊装，应搭设用于临时固定、焊接、螺栓连接等工序的高空安全设施，并应随构件同时起吊就位，吊装就位的钢构件应及时连接。

【安全技术图解一】

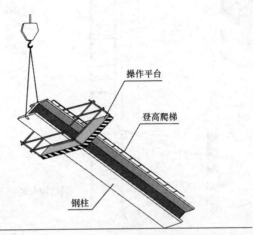

【安全技术图解二】

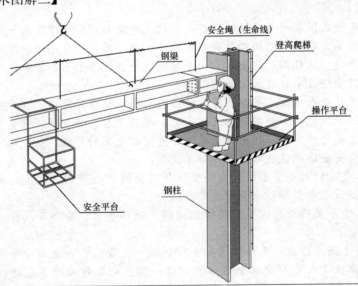

【条文解释】

　　钢结构的吊装，钢构件在地面组装为宜。为保证施工操作安全，应在吊装前，在地面上先将高空安全防护设施（爬梯、操作平台、安全绳（生命线）等）固定在拟吊装的钢构件上，旨在尽量避免或减少在悬空状态下的作业。吊装就位的钢构件应及时连接固定，从而避免构件因外力而滑移、倾斜，进而导致坠落事故。

【条文规定】

5.7.3 钢结构安装宜在施工层搭设水平通道，通道两侧应设置防护栏杆。

【安全技术图解一】

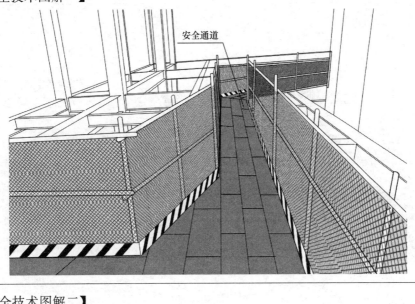

安全通道

【安全技术图解二】

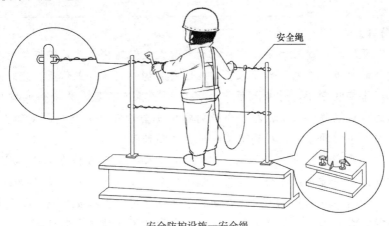

安全绳

安全防护设施—安全绳

【条文解释】

钢结构水平构件安装时，时常也采用钢梁作水平通道，此时应在钢梁一侧设连续安全绳，安全绳一般采用钢丝绳。钢结构安装施工中，在安装钢梁时，楼面板尚未形成，为行走方便应在钢梁上铺设适当数量的走道板和防护栏杆及安全绳，以确保作业人员安全。

【条文规定】

　　5.7.4　钢结构或装配式混凝土结构安装作业层应设置供作业人员系挂安全带的安全绳。

【安全技术图解】

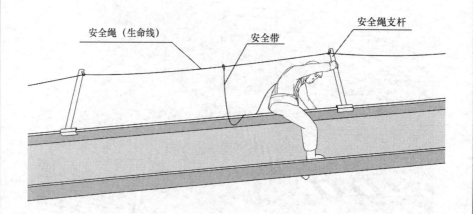

【条文解释】

　　近几年装配式建筑大量推广，对于装配式框架结构尤其是钢框架结构，在预制构件的起吊安装层，作业人员需在已安装构件间通行或作业。此时水平梁板结构尚未安装完毕，作业人员个体高处坠落隐患凸显。为确保悬空作业安全，需通过设置作业人员拴挂安全带的空中安全母索（安全绳，又称生命线）和防坠安全平网的方式，对高坠事故进行主动预防。

　　在主钢梁部位挂设安全绳（生命线），工人将安全带挂在安全绳上行走，以确保安全。为防止因安全绳过长引起的安全失效，安全绳可采用钢丝绳，悬挂高度1.2m，每隔3m架设1.2m高脚手架钢管用于支撑安全绳，或采取花篮螺栓拉紧方式。工人在钢梁上行走时，安全带必须悬挂在安全绳上。

【条文规定】

5.7.5 在轻质型材等屋面上作业，应搭设临时走道板，不得在轻质型材上行走；安装轻质型材板前，应采取在梁下张设安全平网或搭设脚手架等安全防护措施。

【安全技术图解一】

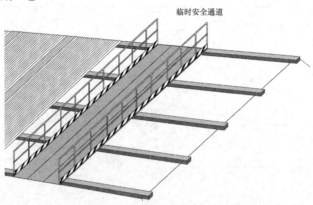

临时安全通道

【安全技术图解二】

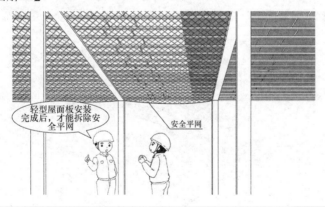

轻型屋面板安装完成后，才能拆除安全平网

安全平网

【条文解释】

屋面施工时，作业人员既处于悬空作业，又往往处于临边作业状态，稍不注意就容易发生高空坠落事故。本条基于此而做出相应规定，以谋重视，同时需要重视如下两点：

1）轻质型材屋面板自身承载力弱，应避免人员直接踩在上面行走和作业，应在屋面梁上或檩条上搭设通道。

2）钢结构屋面在安装轻质型板材后，屋面作业人员不易分辨屋面梁的位置，容易将轻质板材踩踏塌陷而造成高处坠落，因而需在梁下铺设安全平网，安全平网要求在建筑投影平面范围内铺满，不留缝隙，或在下部搭设脚手架（或操作平台）进行安装作业。

【条文规定】

　　5.7.6　当吊装屋架、梁、柱等大型混凝土预制构件时，应在构件上预先设置登高通道和操作平台等安全设施，操作人员必须在操作平台上进行就位、灌浆等操作。当吊装第一块预制构件或单独的大中型预制构件时，操作人员应在操作平台上进行操作。

【安全技术图解一】

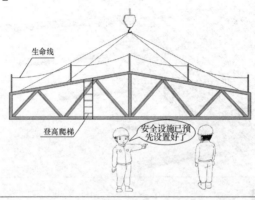

【安全技术图解二】

【条文解释】

　　在预制构件上设置登高通道和操作平台均是常见的关于悬空作业的安全技术措施。该规定一方面是为了施工方便与安全，另一方面是因为制作构件时一并设置高处作业安全设施相对较为容易处理，且能有效避免悬空作业。

　　根据多个工程的实践经验，一般三角形屋架在屋脊处、梯形屋架在两端设置上下弦登高的爬梯可满足施工操作和安全要求，爬梯踏步间距不应大于300mm。另屋架吊装以前，并应在上弦预先设置防护栏杆或安全绳，并应预先在下弦挂设安全网，吊装完毕后，即将安全网铺设固定。

　　登高爬梯和操作平台必须牢固，在操作平台上作业者思想要集中，以防止高空坠落事故。

【条文规定】

　　5.7.7　吊装作业中，当利用已安装的构件或既有结构构件作为水平通道时，临空面应设置临边防护栏杆，并应设置连续的钢丝绳、钢索做安全绳。

【安全技术图解】

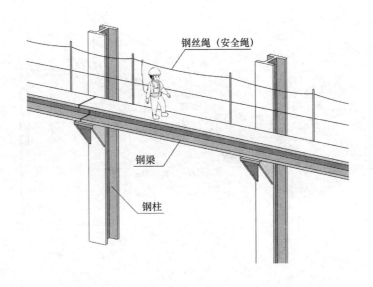

钢丝绳（安全绳）

钢梁

钢柱

【条文解释】

　　当利用吊车梁等构件作为水平通道时，临空的一侧应设置连续的拉杆等防护措施。当采用钢索作安全绳或柔性护栏时，钢索的一端应采用花篮螺栓收紧；当采用钢丝绳作为安全绳或柔性护档时，钢丝绳的自然垂度应不大于绳长的 1/20，且不应大于 100mm。

　　钢结构柱梁接头处螺栓连接或焊接等施工操作和吊装作业时，为行走方便，应适量铺设带扶手的走道板和安全绳，以确保安全。

【条文规定】

　　5.7.8　装配式建筑预制外墙施工所使用的外挂脚手架，其预埋挂点应经设计计算，并应设置防脱落装置，作业层应设置操作平台。

【安全技术图解】

【条文解释】

　　装配式混凝土结构逐层吊装预制外墙施工中，为保障工人悬空作业安全，设置外脚手架能为其提供操作平台及有效安全防护措施。装配式外墙施工一般采用外挂脚手架，外挂架有两种形式，一种为：架体由三角形钢牛腿、水平操作钢平台及立面钢防护网组成。在预制外墙吊装前，先通过预留孔穿过螺栓将三角形钢牛腿与外墙进行连接，再将外挂脚手架与外墙固定，一并吊装就位；另一种为：架体由各单元组成，外挂脚手架的挂点事先安装于预制外墙上。首层外墙吊装施工完成后，通过起重设备将挂架各单元吊装置于挂点的凹槽内，形成上层结构施工的操作平台及防护措施，随着施工的进程，挂架可逐步向上提升。

　　外挂脚手架和操作平台应固定牢固，临边处应设置不低于 1.2m 的防护栏杆，脚手板应铺平绑牢严禁出现探头板。

【条文规定】

5.7.9 装配式建筑预制构件吊装就位后，应采用移动式升降平台或爬梯进行构件顶部的摘钩作业，也可采用半自动脱钩装置。

【安全技术图解】

【条文解释】

本条对预制构件吊装就位后的摘钩作业安全防护作出规定。预制构件吊装就位后，作业人员到构件顶部的摘钩作业也属于高处作业。为确保高处作业安全并提高功效，可采用移动式升降平台进行摘钩作业，既方便又安全；当采用简易人字梯等工具进行登高摘钩作业时，应安排专人对梯子进行监护。采用半自动脱钩装置，能有效减少人工高空摘钩的工作量。

装配式建筑预制构件吊装时下方严禁站人，应待构件降落至距地面1m以内作业人员方准靠近，待构件就位固定后方可脱钩。

【条文规定】

5.7.10　安装管道时，应有已完结构或稳固的操作平台为立足点，严禁在未固定、无防护的结构构件及安装中的管道上作业或通行。

【安全技术图解】

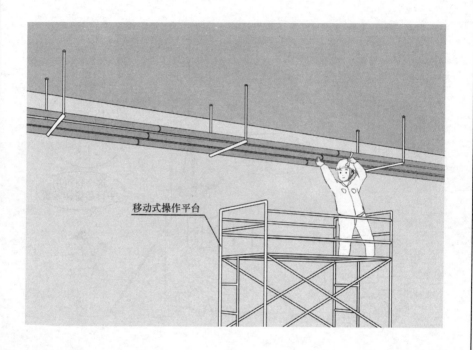

移动式操作平台

【条文解释】

房屋建筑工程中的管道安装，多数为悬空作业，提供作业落脚点是安全管理的关键，安装中的管道，特别是横向管道，不具有承受操作人员重量的能力，且管道多为圆形截面，不能提供可靠立足点，因此，操作时严禁在其上面站立和行走。安装管道时，如无已完结构作为立足点，则应搭设操作平台，并应设置防护栏杆或作业人员拴挂安全带的安全绳；管道安装施工的安全防护宜采用工具化、定型化设施，以保障悬空作业的安全。

2.8 垂直运输设备

【条文规定】

5.8.1 各种垂直运输设备的停层平台除两侧应按临边作业要求设防护栏杆、挡脚板、安全立网外，平台口还应设置高度不低于 1.8m 的楼层防护门，并应设置防外开装置和联锁保护装置。停层平台应满铺脚手板并固定牢固。

【安全技术图解】

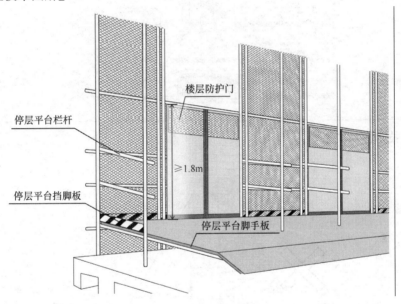

【条文解释】

　　此条的垂直运输设备主要是指施工外用电梯和物料提升机。历年来，现场施工电梯的安全事故屡屡发生，其中因施工电梯安全防护门缺陷造成的事故占有相当比例，通过对同类事故的综合分析发现，主要时由于防护门未关闭或者在吊笼未到达时被提前打开，楼层内的人员随意将伸头出门外观望吊笼运行情况无意踩空造成高坠事故，因此，要求楼层防护门必须设置防外开装置和连锁保护装置。停靠电梯的楼层防护门高度偏低，导致等候电梯的人员往往会不由自主地从防护门的上部探头，稍不注意就会导致坠落事故，故规定楼层防护门设置高度不应低于 1.8m。

　　此外由吊笼门通往楼层门的距离虽短，但这段距离恰恰是高空坠落事故易发场所，这段距离内设置的人员立足点即为停层平台，其两侧为高危的临边场所，应按临边防护要求设置栏杆、挡脚板和安全立网。

【条文规定】

5.8.2　物料提升机应设置刚性停层装置，各层联络应有明确信号和楼层标记，并应采用断绳保护装置和安全停层装置。物料提升机通道中间，应分别设置隔离设施。物料提升机严禁乘人。

【安全技术图解一】

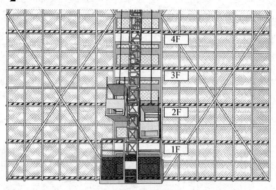

【安全技术图解二】

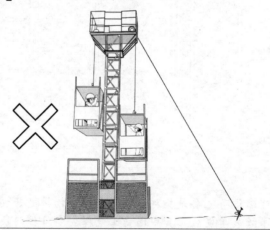

【条文解释】

物料提升机（以下简称提升机）是建筑工地常用的一种物料垂直运输机械，由于它有着制造成本低、安装操作简便、适用性强的特点，所以被建筑施工企业广泛使用。特别是对一些中小型建筑工地来说更有着举足轻重的作用。但由于其安装和使用的不规范，存在着不同程度的安全问题。在安装方面，物料提升机的刚性停层装置是很重要的一个安全装置，当吊笼到达建筑物的基层需要卸料时，可以放下该停靠装置，使吊笼落在架体上。此时钢丝绳处于松弛状态，以缓解钢丝绳的疲劳和保证工人进入吊篮卸料的安全。作业时必须采用断绳保护装置和安全停层装置。在使用中，物料提升机严禁上下乘人，并应在进料口悬挂"严禁乘人"标志。

【条文规定】

　　5.8.3　施工升降机层门应与吊笼联锁，并应确保吊笼底板距楼层平台的垂直距离不大于150mm时，层门方能开启。当层门关闭时，人员不得进出。

【安全技术图解】

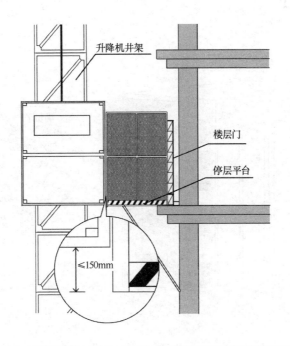

升降机井架

楼层门

停层平台

≤150mm

【条文解释】

　　本条根据国家标准《吊笼有垂直导向的人货两用施工升降机》GB 26557—2011第5.5.1条的规定，经近年来施工升降机坠落伤人事故的教训总结制定。吊笼联锁装置是为了防止吊笼提前打开的，造成人员高坠。在吊笼未达到平层要求时，该机构锁闭，层门无法打开；在吊笼达到平层要求时，该机构应自动解除锁闭，但层门不能自动打开，需吊笼内的人手动打开，且在层门打开的同时，限位开关被触发，吊笼无法启动。

【条文规定】

5.8.4 施工升降机各种限位应灵敏可靠，楼层门应采取防止人员和物料坠落的措施，上下运行行程内应无障碍物。吊笼内乘人、载物时，严禁超载，荷载应均匀分布。

【安全技术图解】

【条文解释】

施工升降机是施工现场唯一能载人的垂直运输设备，安全管理不当极可能造成吊笼坠落，发生群死群伤的事故，根据相关资料显示，在施工升降机安全事故中，高处坠落事故占全部死亡人数的40％以上，因此该设备是施工现场安全管理的重中之重。根据历年施工升降机发生高坠的数据统计，最主要原因是机械故障，其次是超载运行，因此必须保证施工升降机各种限位装置灵敏可靠，并应按时检查检修，运行过程中严禁超载使用。

【条文规定】

5.8.5　吊篮作业应符合下列规定：

1　吊篮选用应符合现行国家标准《高处作业吊篮》GB 19155 的有关规定，其结构应具有足够的承载力和刚度，且应使用专业厂家制作的定型产品，产品应有出厂合格证，不得使用自行制作的吊篮。

【安全技术图解】

自制吊篮，禁止使用

【条文解释】

吊篮上作业属于高空危险作业，其使用安全性与设备本身的安全性、安装的可靠性关系密切，近年来发生多起自制吊篮坠落的事故。目前吊篮在高层建筑施工中应用越来越广泛，在许多建筑外立面施工中大有代替脚手架的趋势。因其是挂在高空为施工人员提供作业场所，所以其防坠装置、限位装置、悬挂装置、吊坠钢丝绳、悬吊平台必须能保证绝对安全，这些只有正规厂家生产的合格产品才能得到保证，因此不得使用自行制作的吊篮。

【条文规定】

  5.8.5　吊篮作业应符合下列规定：

  2　高处作业吊篮安装拆卸的作业人员应经专业机构培训，并应取得相应的从业资格；

  3　吊篮内操作人员的数量应符合产品说明书的使用要求，吊篮中的作业人员应佩戴安全带，安全带应挂设在单独设置的安全绳上，安全绳不得与吊篮任何部位连接；

  4　吊篮的安全锁应完好有效，不得使用超过有效标定期的安全锁。

【安全技术图解】

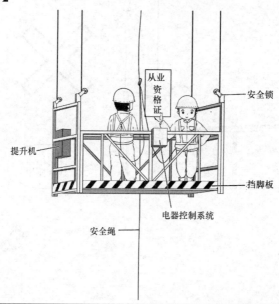

【条文解释】

  吊篮的安装拆卸工属于特种作业人员，应经过专业培训并持证上岗。同时，使用吊篮的人员也应进行岗前教育培训，其重点放在是否能正确操作和使用吊篮以及对可能出现的突发情况如何应对和处理等方面，以增强上机人员的自保意识。还必须强调，禁止作业人员向下掷杂物，以免造成对他人的伤害等。吊篮上的施工作业人员安全意识淡薄，不佩戴或不能正确佩戴安全防护器具，极易造成高坠事故。所有的吊篮均应设置有效的制动安全锁，制动安全锁是吊篮在出现异常情况下的最后一道保护，直接关系到施工作业人员的人身安全。因此，在使用吊篮前必须对安全锁是否能有效工作进行严格的测试。因安全锁不能有效工作致使吊篮在异常情况下无法及时制动，造成施工作业人员高空坠落的事故已出现过很多例。所以在吊篮安全锁检测这一环节上应给予足够的重视。

第3章 物 体 打 击

【条文规定】
6.0.1 交叉作业时，下层作业位置应处于上层作业的坠落半径之外，在坠落半径内时，必须设置安全防护棚或其他隔离措施。

【安全技术图解】

没有隔离防护，请停止工作

【条文解释】
交叉作业指的是垂直空间贯通状态下，可能造成人员或物体坠落，并处于坠落半径范围内、上下左右不同层面的立体作业。垂直交叉作业极易发生上层作业人员不慎将物料、工具等物体掉落而造成下层作业人被打击的伤害事故。施工现场应合理安排支模、粉刷、砌墙等各工种的交叉作业时段，尽量可能避免同一时段在同一垂直方向上作业，如不得不同时进行时，则必须保证下层作业位置不在上层坠物范围内，或处于坠落半径范围内时，必须在下层设置安全防护棚或其他隔离措施。对于拆模及拆除脚手架等危险性较大的工程，应严禁在此类作业下方流水作业。

【条文规定】

　　6.0.2　下列部位自建筑物施工至二层起，其上部应设置安全防护棚：

　　1　人员进出的通道口（包括物料提升机、施工升降机的进出通道口）；

　　2　上方施工可能坠落物件的影响范围内的通行道路和集中加工场地；

　　3　起重机的起重臂回转范围之内的通道。

【安全技术图解】

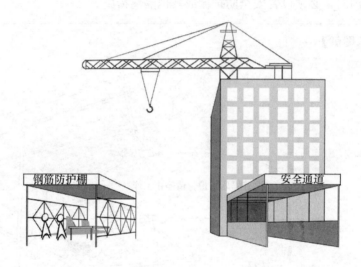

钢筋防护棚　　　　　　　　　　　　　安全通道

【条文解释】

　　安全防护棚是施工现场交叉作业的重要防护设置，施工现场存在大量的吊装作业、高空作业等，稍有不慎就坠物伤人事故，因此，要求上方施工可能坠落物件的影响范围内且人员活动较为密集的区域必须设置安全防护棚，包括人员进出建筑物的通道、物料提升机进出通道口（各种通道口及料口即通常所说的"四口"之一）、施工升降机的进出通道口、距离建筑物较近的搅拌区、钢筋加工区、木工加工区以及起重机的起重臂回转范围之内的通道等。

【条文规定】

6.0.3　安全防护棚宜采用型钢和钢板搭设或采用双层木质板搭设，并应能承受高空坠物的冲击。防护棚的覆盖范围应大于上方施工可能坠落物件的影响范围。

【安全技术图解】

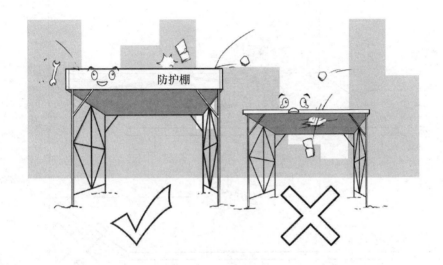

【条文解释】

安全防护棚是施工现场交叉作业最重要的安全防护设施，必须具有一定的抗冲击能力，能承受高空坠物的冲击。当坠落物体的冲击力较大时，单层的木质板可能被冲破，达不到防护效果，故建议设置定型化钢防护棚或双层防护棚。安全防护棚的覆盖范围需大于施工可能坠落物件的影响范围，才能保证人员安全。进出建筑物主体通道口的防护棚，棚宽应大于道口宽，且两端宜各宽出 1m，进深尺寸应符合高处作业安全防护范围，建筑物高度在 20m 以下时长度不应小于 3m，建筑物高度在 20m 以上时长度不应小于 5m，建筑物高度在 30m 以上时，不应小于 6m。

【条文规定】

6.0.4　短边边长或直径小于或等于 500mm 的洞口，应采取封堵措施。

【安全技术图解】

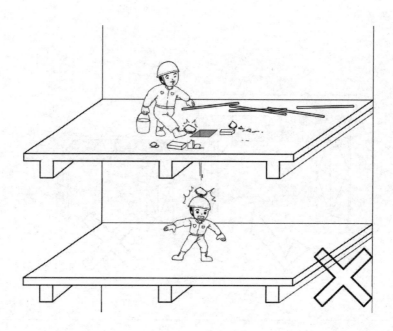

【条文解释】

短边边长或直径小于或等于 500mm 洞口的防护主要是防止楼面上的物料、建筑垃圾等物体的坠落，而施工现场常常忽略小洞口（预留洞口等）的防护，而造成物体打击事故。封堵时，短边长或直径为 25mm～250mm 的洞口，必须采用坚实的盖板盖设，盖板应能防止挪动移位；短边长或直径为 250mm～500mm 的洞口，可用竹、木等作盖板，搁置须均衡，并有固定其位置的措施。

【条文规定】

6.0.5　进入施工现场的人员必须正确佩戴安全帽，安全帽质量应符合现行国家标准《安全帽》GB 2811 的规定。

【安全技术图解一】

【安全技术图解二】

【条文解释】

安全帽是防止物体打击对人员造成伤害的个人防护用品，据有关部门统计，坠落物伤人事故中 15% 是因为安全帽使用不当造成的，因此一旦进入施工现场就必须佩戴，在佩戴时应注意以下几点：

1）使用之前应检查安全帽的外观是否有裂纹、碰伤痕迹、凹凸不平、磨损，帽衬是否完整，帽衬的结构是否处于正常状态，帽带是否完好；

2）安全帽在佩戴前，应调整好帽衬圆周大小，以帽子不能在头部自由活动，自身又未感觉不适为宜。同时帽衬与帽壳不能紧贴，应有一定间隙，该间隙一般为 2～4cm（视材质情况），当有物体附落到安全帽壳上时，帽衬可起到缓冲作用，不使颈椎受到伤害；

3）必须拴紧下颌带，贴紧下颌，松紧以下颌有约束感，但不难受为易。当物体击打安全帽时，不至于脱落。

4）安全帽质量必须符合国家标准《安全帽》GB 2811—2007 要求，安全帽上应标有制造厂名称及商标、型号；制造年、月；许可证编号三项标记。值得注意的是安全帽的有效使用期，塑料安全帽的有效期为两年半，玻璃钢（包括纤维钢）和胶质安全帽的有效期为 3 年半。超过有效期的安全帽应报废。

【条文规定】

6.0.6 高处作业现场所有可能坠落的物件均应预先撤除或固定。所存物料应堆放平稳，随身作业工具应装入工具袋。作业中的走道、通道板和登高用具，应清扫干净。作业人员传递物件应明示接稳信号，用力适当，不得抛掷。

【安全技术图解一】

【条文解释一】

高处作业临时使用的材料等物件必须整齐稳定，且放置位置应稳妥可靠，不得放置在楼面、屋面周边、临时作业平台周边等位置，可能坠落的物件应先行撤离或固定。

【安全技术图解二】

高处作业时，工具必须放在工具袋

【条文解释二】

高处作业施工中操作人员使用的小件材料物品、工具等极易散落，操作人员必须携带工具包，操作中不用的工具必须随手装入工具包内，工具包应按规定挂在身上，不得随意放置在脚手架、窗边等位置，以免掉下伤人。作业人员上下操作平台、通道时，手中不得持拿任何工具。

【安全技术图解三】

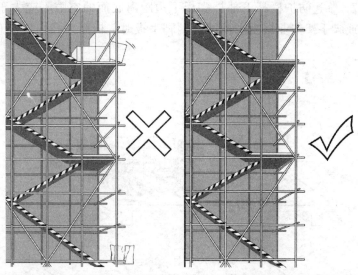

【条文解释三】

　　作业中的走道、通道板和登高用具要随时清扫干净，拆卸下的物件及余料和废料均要及时清理运走，以避免其掉落引起伤害事故。

【安全技术图解四】

别扔！
要砸到人的！

【条文解释四】

　　高空作业时，使用的材料和工具应用绳索或起重工具传递，不可向下或向上投掷抛送物件。

【条文规定】

　　6.0.7　临边防护栏杆下部挡脚板下边距离底面的空隙不应大于10mm。操作平台或脚手架作业层当采用冲压钢脚手板时，板面冲孔内切圆直径应小于25mm。

【安全技术图解一】

【安全技术图解二】

【条文解释】

　　控制作业层上脚手板开孔大小和挡脚板的底部空隙是为了防止小物件从间隙中坠落。脚手板上非圆孔洞的内切圆直径，是指孔洞内可做一内切圆时，内切圆的最大直径。

【条文规定】

　　6.0.8　悬挑式脚手架、附着升降脚手架底层应采取可靠封闭措施。

【安全技术图解】

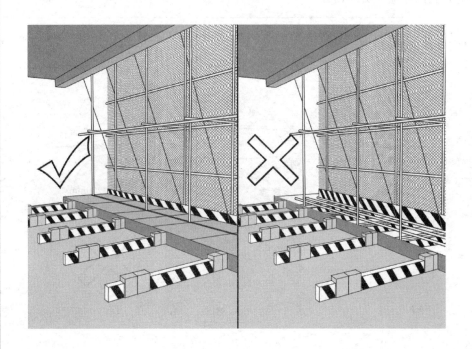

【条文解释】

　　悬挑外脚手架、附着升降脚手架的底部是物体打击的易发场所，应在底部悬挑型钢或水平桁架上设置严密的硬质防护，以防止坠物伤人。

【条文规定】

　　6.0.9　人工挖孔桩孔口第一节护壁井圈顶面应高出地面不小于 200mm，孔口四周不得堆积弃渣、无关机具和其他杂物。挖孔作业人员的上方应设置护盖，吊弃渣斗不得装满，出渣时孔内作业人员应位于护盖下。吊运块状岩石前，孔内作业人员应出孔。

【安全技术图解一】

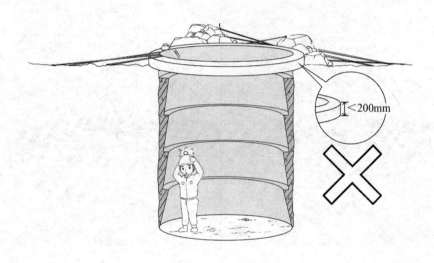

【条文解释一】

　　孔口设置高出地面 20cm 的井圈锁口，是为了防止孔边放置的弃土、工具等掉落井内造成井内作业人员打击伤害，放置在井圈外挖出的土方应及时运离孔口，孔口四周不得堆积弃渣、无关机具和其他杂物，特别是井圈上不得放置任何工具、物件。

【安全技术图解二】

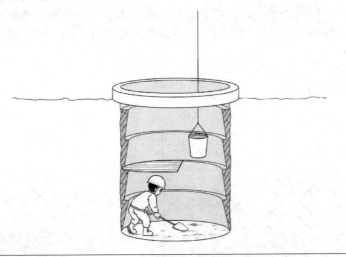

【安全技术图解三】

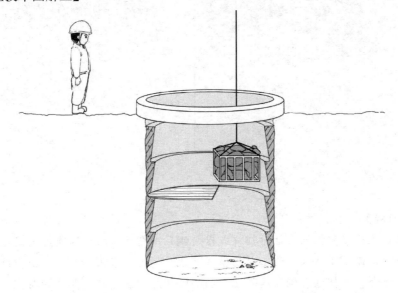

【条文解释二、三】

　　人工挖孔桩当孔深挖至5m以下时，应在井底3m左右护壁凸缘上设置半圆形的安全护盖，取土吊斗升降时，挖土人员应在护盖下进行作业。安全护盖应具有一定的刚度，以保证其防护效果。人工挖孔桩内，吊运块状岩石时属于极度危险的状态，岩石一旦掉落，护盖无法承受其巨大的冲击力，将会造成井内人员重伤等严重后果，此时作业人员必须出孔，严格避免交叉作业。

【条文规定】

6.0.10　临近边坡的作业面、通行道路，当上方边坡的地质条件较差，或采用爆破方法施工边坡土石方时，应在边坡上设置阻拦网、插打锚杆或覆盖钢丝网进行防护。

【安全技术图解】

【条文解释】

边坡上设置阻拦网、插打锚杆或覆盖钢丝网是为了防止因地质不稳定，岩石土体松动而下坠伤人。施工现场根据其地质情况可采用不同的防护方式或多种方式结合，阻挡网、钢丝网等柔性网的防护原理是：覆盖或包裹在需防护的斜坡或岩石上，以限制坡面岩土体的风化剥落或破坏以及危岩崩塌（加固作用），或者将落石控制于一定范围内运动（围护作用）。插打锚杆主要目的是稳定边坡，防止各类斜坡坡面崩塌落石。

【条文规定】

    6.0.11 拆除或拆卸作业应符合下列规定：

    1 拆除或拆卸作业下方不得有其他人员。

【安全技术图解一】

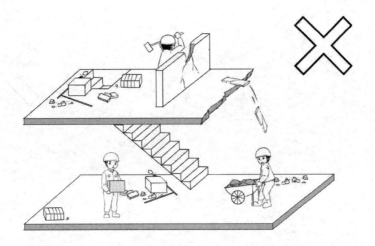

【条文解释】

    近几年，随着许多大中城市旧城改造工作的展开，拆除作业伤亡事故开始增多。拆除作业的危险性凸现，主要是对拆除作业不重视和安全管理不到位造成。拆除或拆卸施工现场，人员管理混乱，上方拆除时，下方往往有人员作业、行走或逗留，极易造成物体打击事故。

【条文规定】

6.0.11　拆除或拆卸作业应符合下列规定：

2　不得上下同时拆除。

【安全技术图解】

【条文解释】

拆除或拆卸作业时必须按由上而下的顺序逐层进行，严格禁止为抢工期、图方便等原因，上下同时拆除。

【条文规定】

6.0.11　拆除或拆卸作业应符合下列规定：

3　物件拆除后，临时堆放处离堆放结构边沿不应小于1m，堆放高度不得超过1m，楼层边口、通道口、脚手架边缘等处，不得堆放任何拆下物件。

【安全技术图解】

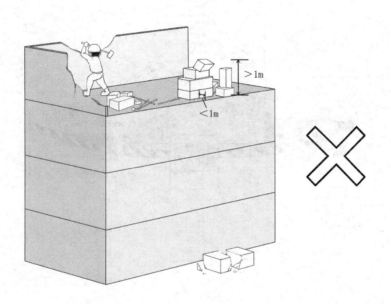

【条文解释】

拆除现场应妥善堆放拆除的构件，不可超高，近边堆放，以防止拆除构件散落，造成打击伤人事故，特别是拆除现场的临边位置，应作为重点的安全管理部位。

【条文规定】

　　6.0.11　拆除或拆卸作业应符合下列规定：

　　4　拆除或拆卸作业应设置警戒区域，并应由专人负责监护警戒。

【安全技术图解】

【条文解释】

　　拆除施工现场极易发生坍塌、物体打击施工，现场一定要做好安全措施，设置醒目的安全标志，做好安全维护，有专人负责监护，施工人员进场必须佩戴工作证，非工作人员不得进入。

【条文规定】

6.0.11 拆除或拆卸作业应符合下列规定：

5 拆除工程中，拆卸下的物件及余料和废料均应及时清理运走，构配件应向下传递或用绳递下，不得任意乱置或向下丢弃，散碎材料应采用溜槽顺槽溜下。

【安全技术图解】

【条文解释】

在高处进行拆除时，要设置溜槽，以便散碎废料顺槽流下。拆下较大的或者沉重的材料，要用吊绳或者起重机械及时吊下或者运走，禁止向下抛掷。拆卸下来的各种材料要及时清理，分别堆放于指定处所。

【条文规定】

6.0.12 施工现场人员不应在起重机覆盖范围内和有可能坠物的地方逗留、休息。

【安全技术图解】

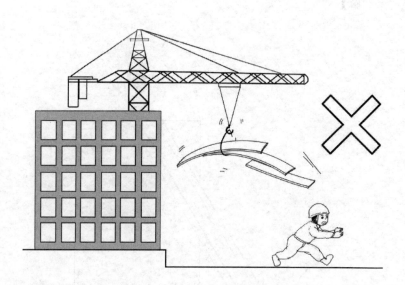

【条文解释】

在起重机臂下和旋转半径内站立或逗留以及在挖掘机旋转半径内站立或逗留，容易重物掉落伤人。起重吊装以及挖掘机作业前应检查其工作范围是否有人员站立或逗留。施工现场凡有坠物可能性的场所均不应有人逗留、休息。

第4章 机械伤害

【条文规定】

7.0.1 施工现场应制定施工机械安全技术操作规程，建立设备安全技术档案。

【安全技术图解】

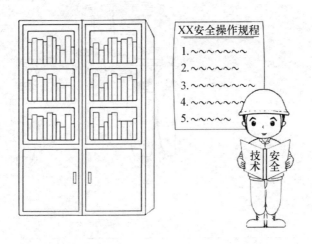

XX安全操作规程
1. ~~~~~~~~~
2. ~~~~~~~~~
3. ~~~~~~~~~
4. ~~~~~~~~~
5. ~~~~~~~~~

技术 安全

【条文解释】

施工现场各种施工机械及大型施工临时设施必须制定相应的安全技术操作规程，并且对每种设备分别建立安全技术档案，做到"一设备一档案"。

【条文规定】

　　7.0.2　机械应按出厂使用说明书规定技术性能、承载能力和使用条件，正确操作，合理使用，严禁超载、超速作业或任意扩大使用范围。

【安全技术图解】

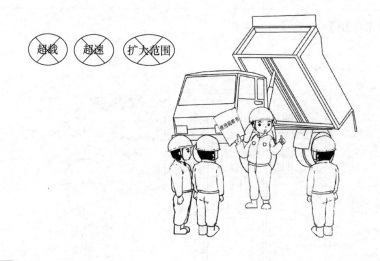

【条文解释】

　　每一种机械在出厂前都在使用说明书规定了其相关的使用条件，如：行驶类机械规定了最大行驶速度，装载类设备规定了其最大载重量，任意扩大其使用范围易造成机械事故。

【条文规定】

7.0.3 机械设备上的各种安全防护和保险装置及各种安全信息装置应齐全有效。

【安全技术图解】

【条文解释】

为了保证机械设备的安全运行与操作人员的安全和健康，各种机械设备上均应设置安全防护装置、保险装置及各种安全信号装置等，在操作前应检查这些装置配备是否齐全、有效。

【条文规定】

　　7.0.4　施工机械进场前应查验机械设备证件、性能和状况，并应进行试运转。作业前，施工技术人员应向操作人员进行安全技术交底。操作人员应熟悉作业环境和施工条件，并应听从指挥，遵守现场安全管理规定。

【安全技术图解一】

【安全技术图解二】

【安全技术图解三】

【条文解释】

　　每种机械设备出厂均有产品合格证和使用说明书，为了保证进场的机械设备性能满足要求，需对其状况进行检查。工地环境复杂多变，作业人员要充分了解周围环境及施工条件，并在指挥下作业，严禁盲目作业。

【条文规定】

　　7.0.5　大型机械设备的地基基础承载力应满足安全使用要求，其安装、试机、拆卸应按使用说明书的要求进行，使用前应经专业技术人员验收合格。

【安全技术图解一】

塔吊要倒了，快跑!

【安全技术图解二】

安装、试机、拆卸要按照说明书进行

使用说明书

【安全技术图解三】

【条文解释】

　　大型机械设备的地基基础承载力应满足安全使用要求，避免由于地基基础承载力不足造成设备的坍塌、倾覆事故。起重机械等大型机械的验收、备案制度是保障使用安全的重要措施，因此，大型设备的安装、试机、拆卸除按使用说明书的要求进行以外，使用前还需经专业技术人员验收合格才可以使用。

【条文规定】

　　7.0.6　操作人员应根据机械保养规定进行机械例行保养，机械应处于完好状态，并应进行维修保养记录。机械不得带病运转，检修前应悬挂"禁止合闸、有人工作"的警示牌。

【安全技术图解一】

【安全技术图解二】

【条文解释】

　　设备的日常维护保养是设备维护的基础工作，是提高设备运行效率、延长设备使用寿命、降低设备损耗的有效方法，因此，设备的维修、保养必须做到制度化和规范化。设备在检修前，必须做好相关安全防护工作，以防发生触电等伤害事故。

【条文规定】

7.0.7 清洁、保养、维修机械或电气装置前，必须先切断电源，等机械停稳后再进行操作。严禁带电或采用预约停送电时间的方式进行维修。

【安全技术图解一】

【安全技术图解二】

【条文解释】

触电事故是机械作业中易发的事故之一，如：未停电就进行机械的清洁、保养、维修工作，采取预约停送电时间的方式进行维修等，这些操作极易造成触电伤害。因此，在机械清洁、保养、维修工作前必须先断电待机械停稳后再进行，坚持"预防为主"的原则。

【条文规定】

7.0.8　在机械使用、维修过程中，操作人员和配合作业人员应正确使用劳动保护用品，长发应束紧不得外露，高处作业应系安全带。

【安全技术图解一】

【安全技术图解二】

【安全技术图解三】

【条文解释】

　　在机械使用中，安全隐患处处存在，在使用过程中，除了应加大对危险源的辨识和重大危险源的监控外，还需要做好个人的防护措施，如：正确使用劳动保护用品、长发应束紧、高空作业系好安全带。

【条文规定】

7.0.9 多班作业的机械应执行交接班制度，填写交接班记录，接班人员上岗前应进行检查。

【安全技术图解】

【条文解释】

交接班前后是职工思想不够稳定的特殊时间。连续上了几个小时班的职工，在接近下班的时候由于身体和心理的劳累，加之想着回家后要做的事情，往往急于把最后的工作任务朝前赶，以保证能够按时完成任务不影响交班；而刚接班上岗的职工，由于离开生产岗位时间相对较长，走上岗位以后一时思想还难以集中，因而使得在交接班期间成了事故多发的危险时刻。交接班应将机械运转、燃油的消耗准备、保养、存在的问题及注意事项等进行记录，严禁故意隐瞒机械故障或存在的问题。

【条文规定】

7.0.10 施工现场应为机械提供道路、水电、机棚及停机场地等必备的作业条件，夜间作业应提供充足的照明。

【安全技术图解一】

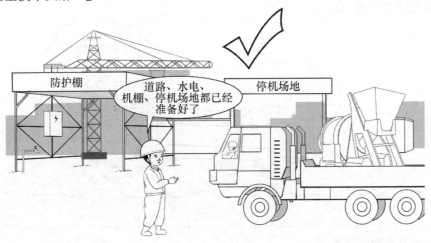

【安全技术图解二】

【条文解释】

为了保证机械使用安全，消除对机械作业有妨碍或不安全因素，施工现场应为机械提供有利的工作保障措施，如：道路、水电、机棚及停机场地等，夜间作业还应提供充足的照明，避免由于驾驶人员视线不清，造成人员伤害。

【条文规定】

7.0.11 机械行驶的场内道路应平整坚实，并应设置安全警示标识。多台机械在同一区域作业时，前后、左右应保持安全距离。

【安全技术图解一】

这个路一点都不平整，连个安全标识都没有

【安全技术图解二】

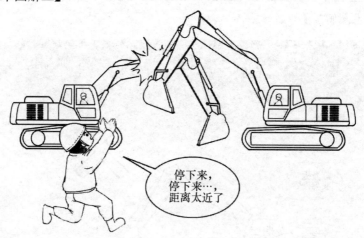

停下来，停下来…，距离太近了

【条文解释】

为了保证施工机械行驶安全，施工现场道路应平整坚实，并在醒目的位置设置安全警示标识。当两台以上的挖掘机在同一平台上作业时，挖掘机的间距应满足：汽车运输时，应不小于其最大挖掘半径的3倍，且应不小于50m；上、下台阶同时作业的挖掘机，应沿台阶走向错开一定的距离；在上部台阶边缘安全带进行辅助作业的挖掘机，应超前下部台阶正常作业的挖掘机最大挖掘半径3倍的距离，且不小于50m。

【条文规定】

7.0.12　机械在临近坡、坑边缘及有坡度的作业现场（道路）行驶时，其下方受影响范围内不得有任何人员。

【安全技术图解】

【条文解释】

机械在边坡、坑边及有坡度的部位作业或行驶时，极易造成翻机及边坡上部滚石滚落伤人，甚至造成边坡在外力作用下失稳而导致垮塌事故，因此在受其影响的下部范围内不得有人员停留、作业。

【条文规定】

7.0.13　土石方机械作业时，应符合下列规定：

1　施工现场应设置警戒区域，悬挂警示标志，非工作人员不得入内。

【安全技术图解】

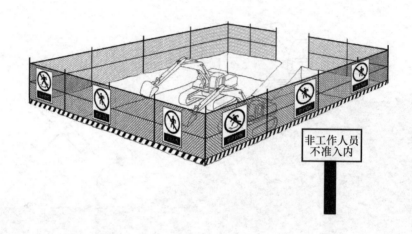

非工作人员
不准入内

【条文解释】

土石方施工阶段，机械数量多，作业较集中，极易造成车辆伤害及机械伤害。因此，在机械作业前，必须做好相关的安全防护措施，如在施工现场设置警戒区域、悬挂警示标志，严禁非工作人员入内等。

【条文规定】

　　7.0.13　土石方机械作业时，应符合下列规定：

　　2　机械回转作业时，配合人员应在机械回转半径以外工作，当需在安全距离以内工作时，应将机械停止并制动。

【安全技术图解】

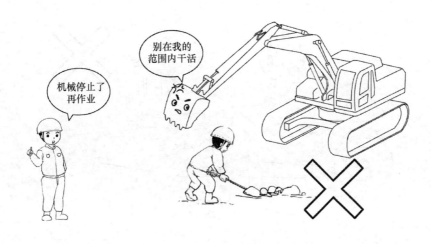

【条文解释】

　　机械在回转过程中易出现视角盲区，为了防止操作人员因视角盲区而发生安全事故，配合人员应在机械回转半径外工作。如：挖掘机在作业过程中，受前面收缩臂遮挡的影响，极易出现视角盲区，在机械回转半径内作业、行走等易发生安全事故。

【条文规定】

7.0.13 土石方机械作业时，应符合下列规定：

3 拖式铲运机作业中，人员不得上下机械设备，传递物件，以及在铲斗内、拖把或机架上坐立。

【安全技术图解】

【条文解释】

拖式铲运机本身无制动装置，依靠牵引拖拉机来拖曳铲运机进行施工，行驶不平稳，易发生急行急停。如在拖式铲运机在作业过程中，人员上下机械、传递物品、坐立在铲斗、机架等处，易发生事故。

【条文规定】

7.0.13　土石方机械作业时，应符合下列规定：

4　装载机转向架未锁闭时，不得站在前后车架之间进行检修保养。

【安全技术图解】

【条文解释】

装载机转向为铰接连接，未锁闭时易对人体造成挤压伤害，因此在检修保养前，必须锁闭后再进行。

【条文规定】

　　7.0.13　土石方机械作业时，应符合下列规定：

　　5　土方运输车辆的行驶坡度不应大于10°。

【安全技术图解】

【条文解释】

　　土方运输车辆的行驶坡度大于10°的道路行驶，易造成机械后仰、侧翻、熄火及溜车现象，因此，当地面坡度太陡时，需修成S形路线来放缓坡度。

【条文规定】

7.0.13　土石方机械作业时，应符合下列规定：

6　强夯机械的夯锤下落后，在吊钩尚未降至夯锤吊环附近时，操作人员不得提前下坑挂锤。从坑中提锤时，挂钩人员不得站在锤上随锤提升。

【安全技术图解一】

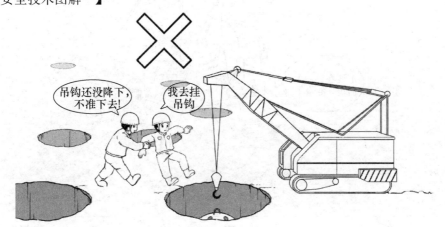

【安全技术图解二】

【条文解释】

强夯机械吊钩在下降过程中摆动幅度大，吊钩重量大，在吊钩没有下降至夯锤吊钩附近就下坑挂锤，吊钩易碰撞挂钩人员发生事故；在重锤提升过程中，为避免如钢丝绳断裂或脱钩给挂钩人员造成伤害，挂钩人员不得站在锤上随锤提升。

【条文规定】

7.0.14　混凝土搅拌机料斗提升时，人员不得在料斗下停留或通过；当需在料斗下进行清理或检修时，应将料斗提升至上止点，并应采用保险销锁牢或用保险链挂牢。

【安全技术图解一】

【安全技术图解二】

【条文解释】

混凝土搅拌机料斗通过轴与传动机构提升，在提升过程中，易发生打滑现象，为避免打滑造成料斗下坠造成机械伤害，严禁在此范围内逗留、通过。为了防止料斗提升后，由于自身重力或操作人员突然启动误操作给清理、检修作业人员造成伤害，必须采用保险销锁牢或用保险链挂牢。

【条文规定】

7.0.15 小型机具的使用应符合下列规定：

1 小型机具应有出厂合格证和操作说明书。

【安全技术图解】

【条文解释】

小型机具自身的安全也是事故频发的主要原因之一，因小型机具外壳、手柄、接地保护等不合格造成的事故频发，为了保证机具自身的质量，在小型机具购置时，要选有厂名、编号、合格证及操作说明等的机具，严禁购置"三无产品"。

【条文规定】

　　7.0.15　小型机具的使用应符合下列规定：

　　2　小型机具应制定管理制度，建立台账，并应按要求使用、维修和保养。

【安全技术图解】

【条文解释】

　　施工现场应规范机具的使用，妥善保管并建立健全工具的管理制度，如：小型机具应建立进场、管理、使用、维修、保养台账，工具的发放、使用、更换及退还均应有记录，以确保机具使用安全可靠。

【条文规定】

7.0.15 小型机具的使用应符合下列规定：

3 作业人员应了解所用机具性能，并应熟悉掌握其安全操作常识，施工中应正确佩戴各类安全防护用品。

【安全技术图解】

【条文解释】

每种机具都有其独有的功能和操作方法，在机具使用前要充分了解机具的性能及使用方法，正确佩戴好安全防护用品，如：在操作钢筋调直机时，戴手套操作易被卷入机具中导致手绞伤，因此严禁戴手套操作。

【条文规定】

7.0.15 小型机具的使用应符合下列规定：

4 手持电动工具的操作应符合现行国家标准《手持式、可移动式电动工具和园林工具的安全 第1部分：通用要求》GB 3883.1 的规定，并应配备安全隔离变压器、漏电保护器、控制箱和电源连接器。

【安全技术图解】

这个机器没有安全隔离变压器和漏电保护器

控制箱和电源连接器都没配备就使用了，太危险了!

【条文解释】

电动工具触电是施工现场常发事故之一，手持电动工具使用前，应检查外壳、手柄是否出现裂缝、破损；电缆软线及插头等是否完好无损，安全隔离变压器、漏电保护器、控制箱和电源连接器是否配备齐全。Ⅰ类手持电动工具的绝缘电阻不应低于2MΩ，Ⅱ类手持电动工具的绝缘电阻不应低于7MΩ，Ⅲ类手持电动工具的绝缘电阻不应低于1MΩ。

【条文规定】

7.0.15　小型机具的使用应符合下列规定：

5　作业人员不得站在不稳定的地方使用电动或气动工具，当需使用时，应有专人监护。

【安全技术图解】

【条文解释】

根据现行行业规范《建筑施工高处作业安全技术规范》JGJ 80 的规定，在离地 2m 以上的部位进行操作即为高空作业，而手持电动工具作业在很多情况下为高空作业，如站在人字梯上进行作业，极易造成人字梯侧翻，因此必须在作业中，有专人进行监护，保障作业人员的安全。

【条文规定】
　　7.0.15　小型机具的使用应符合下列规定：
　　6　木工圆盘锯机上的旋转锯片应带有护罩，平刨应设置护手装置。

【安全技术图解】

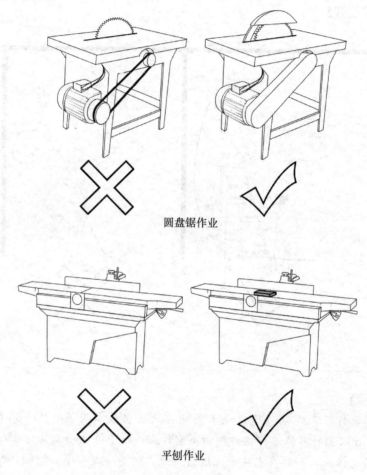

圆盘锯作业

平刨作业

【条文解释】
　　木工圆盘锯机上的旋转锯片应带有护罩，防止锯片、飞溅物伤害，操作人员应戴防护眼镜，作业时手臂不得跨越锯片。锯片上必须安装保险挡板，在锯片后面，离齿 10mm～15mm 处，必须安装楔刀。
　　平刨伤手事故，时有发生，因此，平刨应设置护手装置，机械运转时，不得将手伸进安全挡板里侧去移动挡板或拆除安全挡板进行刨削。

【条文规定】

　　7.0.15　小型机具的使用应符合下列规定：

　　7　齿轮传动、皮带传动、连轴传动的小型机具应设置安全防护装置。

【安全技术图解】

【条文解释】

　　绞伤、卷入是常见的机械伤害，在机械作业前要检查带有齿轮传动、皮带传动、连轴传动的小型机具是否已设置安全防护装置，防止在作业过程中衣服、头发等被卷入、绞绕造成伤害。

【条文规定】

7.0.16　小型起重机具的使用应符合下列规定：

1　千斤顶应垂直安装在坚实可靠的基础上，底部宜采用垫木等垫平。

【安全技术图解】

千斤顶底部
陷下去了！

【条文解释】

由于千斤顶作业中与地面接触面积小，受力比较集中，在顶升重量较大的设备时，地基未经处理，极易造成地基下陷，设备倾覆，给操作人员造成伤害。为保证操作安全，千斤顶地基应坚实可靠，底部宜采用垫木等垫平。

【条文规定】

　　7.0.16　小型起重机具的使用应符合下列规定：

　　2　行走电动葫芦应设缓冲器，轨道两端应设挡板。电动葫芦不得超载起吊，起吊过程中，手不得握在绳索与吊物之间。

【安全技术图解一】

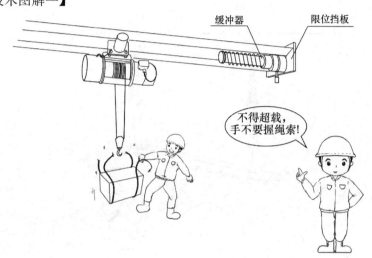

【安全技术图解二】

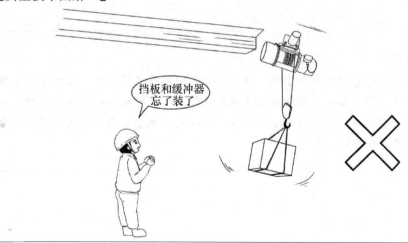

【条文解释】

　　电动葫芦设置缓冲器的目的是吸收起重机或起重小车的运行动能，以减缓冲击。缓冲器设置在行走式起重机或者起重小车与止挡体相碰撞的位置。吊物接近或达到额定载荷时，应先做小高度、短行程试吊后再平稳地进行起升与吊运。超载起吊易使钢丝绳断裂，直接导致重物的坠落事故发生。

【条文规定】

　　7.0.16　小型起重机具的使用应符合下列规定：

　　3　不得使用 2 台以上手拉葫芦同时起吊重物。

【安全技术图解】

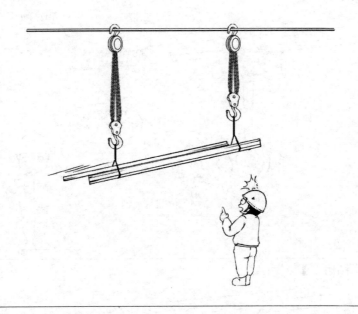

【条文解释】

　　多台手拉葫芦同时起吊重物，他们相互之间很难保证平衡，致使受力不均匀。如：当其中一台手动葫芦超出其承载吨位或出现断链、打滑等情况时，吊物的大部分重量会转移到其他手拉葫芦上，导致其他手动葫芦远远超出其安全载荷，极易发生事故。

【条文规定】

7.0.16 小型起重机具的使用应符合下列规定：

4 卷扬机卷筒上的钢丝绳应排列整齐，不得在传动中用手拉或脚踩钢丝绳。作业中，不得跨越卷扬机钢丝绳。卷筒剩余钢丝绳不得少于 3 圈。

【安全技术图解一】

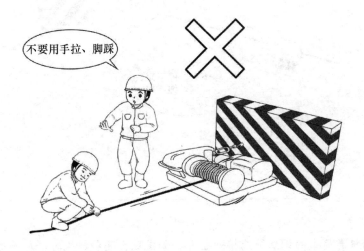

【安全技术图解二】

【安全技术图解三】

停下来，停下来，卷筒钢丝绳不得少于3圈!

【条文解释】

　　卷扬机卷筒上的钢丝绳应排列整齐，如发现重叠和斜绕时，应停机重新排列。卷扬机钢丝绳电动机的驱动下力量很大，用手拉或脚踩钢丝绳或在钢丝绳上跨越极易造成伤害。提升机钢丝绳的拉力是靠不低于 3 圈的钢丝绳与滚筒的摩擦力来承受的，因此卷筒剩余钢丝绳不得少于 3 圈，否则端部固定的绳头易脱开。

【条文规定】

7.0.17 停用一个月以上或封存的机械设备，应进行停用或封存前的保养工作，并应采取预防大风、碰撞等措施。

【安全技术图解】

我们要停工一个多月，马上保养，并做好相关措施

【条文解释】

机械设备长时间暴露室外，在雨水、粉尘等的作用下会导致机械生锈、腐蚀，影响机械性能，如：塔吊基础在水中浸泡，会降低基础地基的承载能力，严重时塔吊会倾覆造成安全事故。因此，在停用前应做好保养工作，做好预防大风、水泡、锈蚀、碰撞等措施，复工后应经检查验收确定状态良好后方可继续使用。

第5章 触 电

　　8.0.1　施工现场临时用电设备在 5 台及以上或设备总容量在 50kW 及以上时，应编制施工现场临时用电组织设计，并应经审核和批准。

【安全技术图解】

【条文解释】

　　根据现行行业标准《施工现场临时用电安全技术规范》JGJ 46 的规定，施工现场临时用电设备在 5 台及以上的或设备总容量在 50kW 以上的，应由电气工程技术人员根据施工现场实际情况编制用电组织设计，并经相关部门审核及具有法人资格企业的技术负责人批准后实施。用电组织设计的内容主要包括：确定临电线路、设备的线路走向与位置、进行用电负荷计算、选择变压器、设计配电系统（配电线路、配电装置、接地装置）、绘制用电工程图、设计防雷装置、制定防护措施等。

218

【条文规定】

8.0.2　施工现场临时用电设备和线路的安装、巡检、维修或拆除，应由建筑电工完成。电工应经考核合格后，持证上岗工作；其他用电人员应通过安全教育培训和技术交底，经考核合格后方可上岗工作。

【安全技术图解一】

【安全技术图解二】

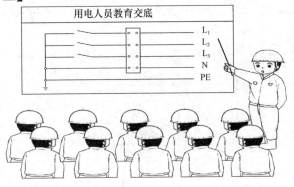

【条文解释】

电工作业属于特种作业人员，专业性极强，且工作较危险，对操作本人、他人及周围设施的安全有重大危害。根据国家《安全生产法》的要求，特种作业人员必须经专门的安全作业培训，取得特种作业操作资格证书，方可上岗作业，且上岗前生产经营单位应对作业人员进行安全生产教育和培训，未经安全生产教育和培训合格的不得上岗作业。除电工外，施工现场其他用电人员也较多，如各类机械、机具操作人员，这些人员也应掌握安全用电的基本知识，否则容易发生触电事故，因此所有用电人员上岗前也应经过安全教育培训和技术交底，且应经考核合格。

【条文规定】

8.0.3 各类用电人员应掌握安全用电基本知识和所用设备的性能,并应符合下列要求:

1 使用电气设备前应佩戴相应的劳动保护用品,并应检查电气装置和保护设施,不得带缺陷运转。

【安全技术图解一】

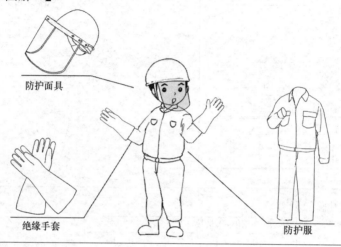

防护面具

绝缘手套

防护服

【安全技术图解二】

配电柜

L1L2L3

检查

【条文解释】

在劳动生产过程中佩戴相应的劳动保护用品,可有效防止劳动者在生产作业过程中免遭或减轻事故和职业危害因素的伤害,直接对人体起到保护作用,用电人员更是如此。施工现场各类用电人员在使用电气设备前应检查电器装置和保护设施,保证设备经常处于良好的技术状态。

【条文规定】

　　8.0.3　各类用电人员应掌握安全用电基本知识和所用设备的性能，并应符合下列要求：

　　2　应保管和维修所用设备，发现问题应及时报告解决。

【安全技术图解】

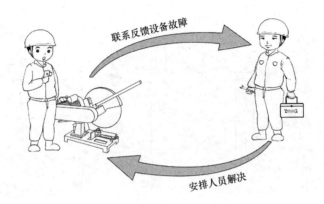

联系反馈设备故障

安排人员解决

【条文解释】

　　在施工现场生产过程中，各类机械设备出现故障的现象经常发生，设备带病工作对安全用电带来极大隐患，因此必须对机械设备进行妥善保管和定期的维修保养，当机械设备出现故障后，及时阻止故障的继续发展，才能够保证正常的安全生产和用电安全，并延长设备的使用寿命。

【条文规定】

8.0.3　各类用电人员应掌握安全用电基本知识和所用设备的性能，并应符合下列要求：

3　暂停使用设备的开关箱应分断电源隔离开关，并应上锁。

【安全技术图解】

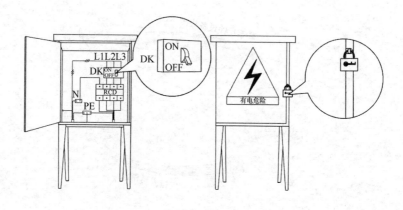

【条文解释】

施工现场所有配电箱门应配锁，配电箱和开关箱应由持证的电工负责使用管理，停止作业时，应将动力开关箱断电上锁，并悬标志挂牌。

【条文规定】

8.0.3　各类用电人员应掌握安全用电基本知识和所用设备的性能，并应符合下列要求：

4　移动电器设备时，应切断电源并妥善处理后进行。

【安全技术图解】

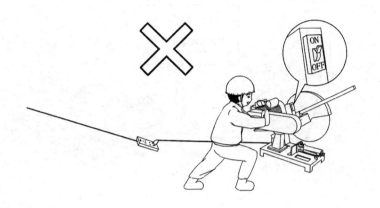

【条文解释】

搬迁或移动用电设备，必须经电工切断电源并作妥善处理后进行，带电移动设备时，易产生设备短路故障、人员触电等安全事故。

【条文规定】

8.0.3　各类用电人员应掌握安全用电基本知识和所用设备的性能，并应符合下列要求：

5　当遇有临时停电、停工、检修或移动电器设备时，应关闭电源。

【安全技术图解】

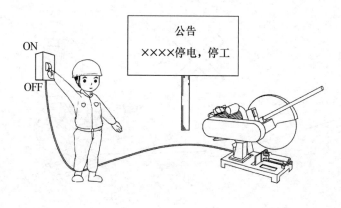

公告

××××停电，停工

【条文解释】

停工、停电后，应及时关闭设备电源，防止再来电时烧坏设备。带电维修或移动设备时，易产生短路、漏电等危险因素，导致设备损坏及人员伤亡，不利于安全生产。

【条文规定】

8.0.4　施工现场临时配电线路应采用三相四线制电力系统，应采用 TN－S 接零保护系统，并应符合下列规定：

1　配电电缆应包含全部工作芯线和用作保护零线或保护线的芯线，电缆线路应采用五芯电缆。

【安全技术图解】

【条文解释】

施工现场因环境复杂、用电设备多、易发生触电等安全事故，故在施工现场的三相四线制供电系统中，电缆线路应采用五芯电缆（三根相线、一根零线和一根接地线），对施工现场用电设备应统一作接地处理。电缆的选用应有严密的施工用电负荷计算，满足负荷要求后方可使用。

【条文规定】

8.0.4　施工现场临时配电线路应采用三相四线制电力系统，应采用 TN－S 接零保护系统，并应符合下列规定：

2　电缆线路应采用埋地或架空敷设，不得沿地面明设，并应避免机械损伤和介质腐蚀；埋地电缆路径应设方位标志。

【安全技术图解】

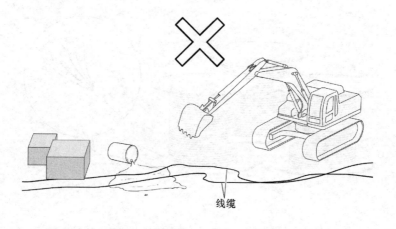

线缆

【条文解释】

施工现场配电线路严禁承受外力，严禁与金属尖锐断口、强腐蚀介质和易燃易爆物接触。为保障施工用电安全，施工现场临时配电线路应采用埋地或架空敷设，配电路径还应有醒目的敷设标志。

【条文规定】

8.0.4　施工现场临时配电线路应采用三相四线制电力系统，应采用 TN－S 接零保护系统，并应符合下列规定：

3　地下埋设电缆应设防护管，与开挖作业边缘的距离不应小于 2m。架空线路应采用绝缘导线，不得使用裸线，并应沿墙或电杆做绝缘固定，架空线应架设在专用电杆上，不得架设在树木、脚手架及其他设施上。

【安全技术图解一】

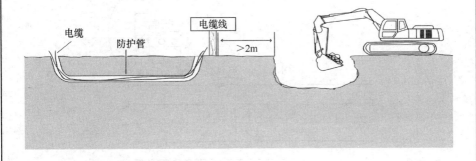

【安全技术图解二】

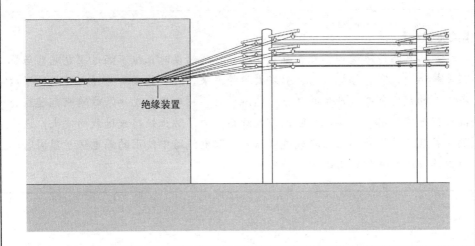

【条文解释】

埋地电缆应设防护管，避免受到机械损伤、鼠蚁叮咬、介质腐蚀等破坏。架空线路应采用绝缘导线和绝缘固定，避免直接接触金属导体和行人，造成人员触电事故。

【条文规定】

　　8.0.4　施工现场临时配电线路应采用三相四线制电力系统，应采用 TN
－S接零保护系统，并应符合下列规定：

　　4　配电线路应有短路保护和过载保护。

【安全技术图解】

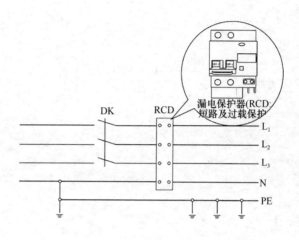

【条文解释】

　　短路是指绝缘遭到损坏、负载短路、接线错误时正极不经过用电电器与负
极直接连通，容易损坏线路、引发火灾等恶果。过载是指负荷过大，超过了设
备本身的额定负载，产生的现象是电流过大，用电设备发热，线路长期过载会
降低线路绝缘水平，甚至烧毁设备或线路。为了防止短路或过载的发生，设置
的保护装置或措施称为短路或过载保护。配电线路中使用的漏电保护器同时具
有短路及过载保护作用。

【条文规定】

　　8.0.4　施工现场临时配电线路应采用三相四线制电力系统，应采用 TN－S 接零保护系统，并应符合下列规定：

　　5　配电线路中的保护零线除应在配电室或总配电箱处做重复接地外，还应在配电线路的中间处和末端处做重复接地，重复接地电阻不应大于 10 欧姆。

【安全技术图解】

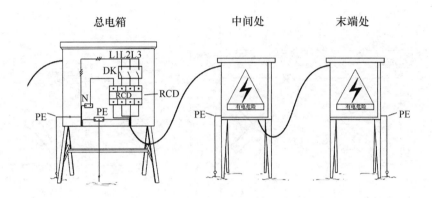

总电箱　　　　　　　　中间处　　　　　　末端处

【条文解释】

　　重复接地就是在中性点直接接地的系统中，在零干线的一处或多处用金属导线连接接地装置。重复接地降低了漏电设备的对地电压，减轻零线断裂时的触电危险，缩短碰壳或接地短路故障的持续时间，减小了设备漏电带来的危险性。

【条文规定】

8.0.4 施工现场临时配电线路应采用三相四线制电力系统，应采用 TN－S 接零保护系统，并应符合下列规定：

6 通往水上的岸电应采用绝缘物架设，电缆线应留有余量，作业过程中不得挤压或拉拽电缆线。

【安全技术图解】

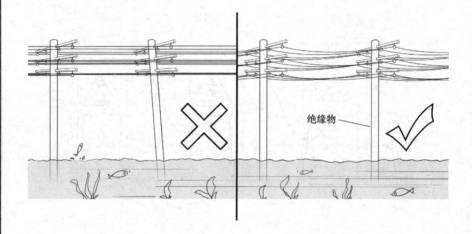

绝缘物

【条文解释】

有的施工现场用电线路需跨水域架设，为保障架空配电线路的安全使用，消除触电、线路故障的危险因素，水上架空线路应采用绝缘物架设，避免漏电后通过接线桩传导，造成触电危险。架空线路敷设应留有余量，以防热胀冷缩拉断导线或接线桩。

【条文规定】

8.0.5 配电系统应设置配电柜或总配电箱、分配电箱、开关箱,实行三级配电,除应在末级开关箱内加漏电保护器外,还应在总配电箱再加装一级漏电保护器,总体形成两级保护,并应符合下列要求:

【安全技术图解】

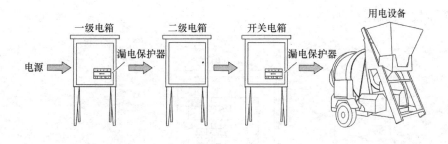

【条文解释】

三级配电两级保护要求:配电箱应作分级设置,即在总配电箱下设分配电箱,分配电箱以下设开关箱,开关箱以下就是用电设备,形成三级配电,并在总配电箱和末端配电箱加装漏电保护器形成两级保护。

【条文规定】

8.0.5 配电系统应设置配电柜或总配电箱、分配电箱、开关箱,实行三级配电,除应在末级开关箱内加漏电保护器外,还应在总配电箱再加装一级漏电保护器,总体形成两级保护,并应符合下列要求:

1 配电柜应装设隔离开关及短路、过载、漏电保护器,电源隔离开关分断时应有明显的可见分断点。

【安全技术图解】

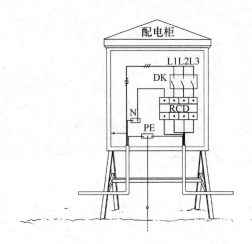

【条文解释】

配电柜应装设隔离开关及短路、过载、漏电保护器,对配电线路起短路、过载等保护作用,避免或减轻线路故障带来的危害。明显的可见分断点指明显的断开点,即不用打开设备的外壳,没有阻挡视线的物品,从外部就可以看到线路被切断的位置。

【条文规定】

8.0.5 配电系统应设置配电柜或总配电箱、分配电箱、开关箱,实行三级配电,除应在末级开关箱内加漏电保护器外,还应在总配电箱再加装一级漏电保护器,总体形成两级保护,并应符合下列要求:

2 配电箱、开关箱应选用专业厂家定型、合格产品,并应使用3C认证的成套配电箱技术。

【安全技术图解】

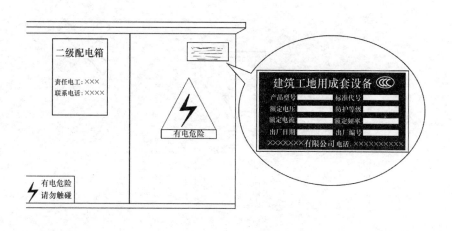

【条文解释】

3C认证指国家强制性认证制度,3C认证标志也是强制认证标志。使用专业厂家定型、合格产品,3C认证的成套配电箱技术,产品更具有质量、安全保障。

【条文规定】

8.0.5 配电系统应设置配电柜或总配电箱、分配电箱、开关箱，实行三级配电，除应在末级开关箱内加漏电保护器外，还应在总配电箱再加装一级漏电保护器，总体形成两级保护，并应符合下列要求：

3 配电箱、开关箱应设置在干燥、通风及常温场所，不得装设在瓦斯、烟气、潮湿及其他有害介质的场所。

【安全技术图解】

【条文解释】

为保障施工现场配电箱的安全使用和运行，避免发生漏电、火灾、燃爆等危险因素，配电箱的管理和维护应由专业电工来实施。且配电箱应装设在干燥、通风及常温场所，不得装设在有严重损伤作用的瓦斯、烟气、蒸汽、液体及其他有害介质环境中，不得装设在易受外来固体物撞击、强烈振动，液体浸溅及热源烘烤的环境中。

【条文规定】

8.0.5　配电系统应设置配电柜或总配电箱、分配电箱、开关箱，实行三级配电，除应在末级开关箱内加漏电保护器外，还应在总配电箱再加装一级漏电保护器，总体形成两级保护，并应符合下列要求：

4　配电箱的电器安装板上应分设N线端子板和PE线端子板。N线端子板应与金属电器安装板绝缘；PE线端子板应与金属电器安装板做电气连接。进出线中的N线应通过N线端子板连接；PE线应通过PE线端子板连接；

5　配电箱、开关箱的金属箱体、金属电器安装板以及电器正常不带电的金属底座、外壳等应通过PE线端子板与PE线作电气连接，金属箱门与金属箱体应采用编制软铜线作电气连接。

【安全技术图解】

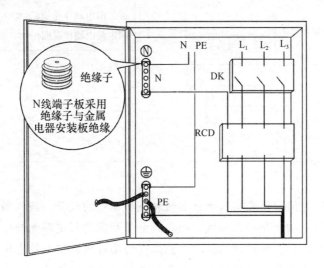

【条文解释】

配电箱N线端子板和PE线端子板应采用绝缘子等绝缘物与配电箱作绝缘连接，进出线中的N线应通过N线端子板连接；PE线应通过PE线端子板连接，配电箱门、箱体应采用编制软铜线与PE线端子板作电气连接。

【条文规定】

8.0.5 配电系统应设置配电柜或总配电箱、分配电箱、开关箱，实行三级配电，除应在末级开关箱内加漏电保护器外，还应在总配电箱再加装一级漏电保护器，总体形成两级保护，并应符合下列要求：

6 总配电箱和开关箱中两极漏电保护器的额定漏电动作电流和额定漏电动作时间应符合要求，漏电保护器的极数和线数应与其负荷侧负荷的相数和线数一致。

【安全技术图解】

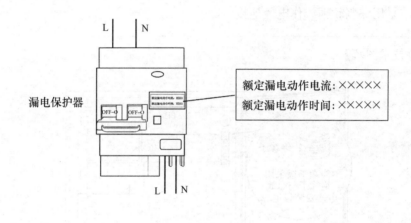

【条文解释】

极数指漏电保护器能接入和分断的相线和零线的数量，两极漏电保护器能接入和分断一根相线和一根零线。两极漏电保护器的额定漏电动作电流和额定漏电动作时间应符合现行行业标准《施工现场临时用电安全技术规范》JGJ 46的要求：总配电箱中漏电保护器的额定漏电动作电流应大于30mA，额定漏电动作时间应大于0.1s，额定漏电动作电流与额定漏电动作时间的乘积不得大于30mA·s。开关箱中漏电保护器的额定漏电动作电流不得大于30mA，额定漏电动作时间不应大于0.1s。潮湿或有腐蚀性介质场所的漏电保护器应采用防溅型产品，额定漏电动作电流不得大于15mA，额定漏电动作时间不得大于0.1s。

【条文规定】

8.0.5 配电系统应设置配电柜或总配电箱、分配电箱、开关箱,实行三级配电,除应在末级开关箱内加漏电保护器外,还应在总配电箱再加装一级漏电保护器,总体形成两级保护,并应符合下列要求:

7 配电箱、开关箱的电源进线端不得采用插头和插座做活动连接。

【安全技术图解】

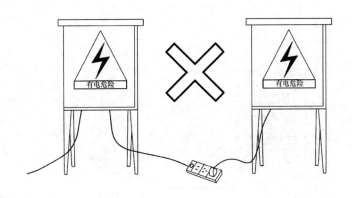

【条文解释】

根据现行行业标准《施工现场临时用电安全技术规范》JGJ 46 的要求,配电箱、开关箱的电源进线端不得采用插头和插座做活动连接。活动连接处接触不好,接触电阻大,容易发热烧坏电路,引发电气火灾事故。

【条文规定】

8.0.5 配电系统应设置配电柜或总配电箱、分配电箱、开关箱，实行三级配电，除应在末级开关箱内加漏电保护器外，还应在总配电箱再加装一级漏电保护器，总体形成两级保护，并应符合下列要求：

8 配电箱、开关箱应定期检查、维修；检查和维修时，应挂接地线，并应悬挂"禁止合闸、有人工作"停电标志牌。停送电应由专人负责。

【安全技术图解】

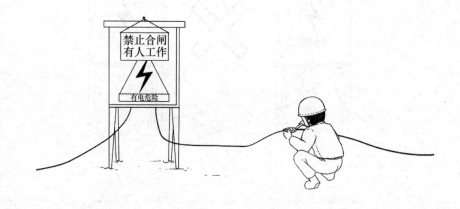

【条文解释】

配电箱、开关箱应定期检查、维修，保证设备经常处于良好的技术状态。检查和维修时挂接地线可以把泄露的电流分导到地面，避免触电事故发生。停送电应由专人负责，并应悬挂"禁止合闸、有人工作"停电标志牌，避免误操作引发触电危险。

【条文规定】

8.0.6 施工现场的用电设备应符合下列规定：

1 每台用电设备应有各自专用的开关箱，不得用同一个开关箱直接控制2台及2台以上用电设备（含插座）。开关箱应装设隔离开关及短路、过载、漏电保护器，不得设置分路开关；

2 各种施工机具和施工设施应做好保护零线连接；

3 塔式起重机、施工升降机、滑动模板、爬升模板的金属操作平台、需设置避雷装置的物料提升机及其他高耸临时设施，除应连接PE线外，还应进行重复接地；

4 对防雷接地的电气设备，所连接的PE线应同时做重复接地。

【安全技术图解】

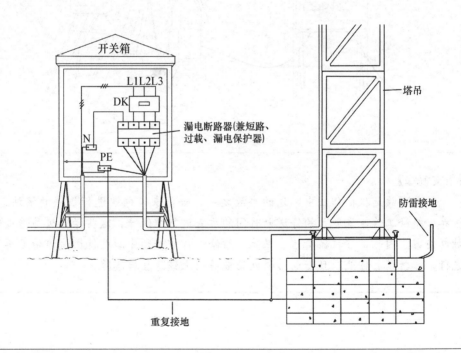

【条文解释】

根据现行国家标准《供配电系统设计规范》GB 50052要求，施工现场用电应遵循一机一闸一漏一箱的原则。各种施工机具设备应做好保护零线连接，以保护操作人员生命安全。重复接地降低了漏电设备的对地电压，减轻零线断裂时的触电危险，缩短碰壳或接地短路故障的持续时间，减小了设备漏电带来的危险性。

【条文规定】

8.0.6　施工现场的用电设备应符合下列规定：

5　对混凝土搅拌机、钢筋加工机械、木工机械、盾构机械等设备进行清理、检查、维修时，应首先将其开关箱分闸断电，呈现可见电源分断点，并关门上锁。

【安全技术图解】

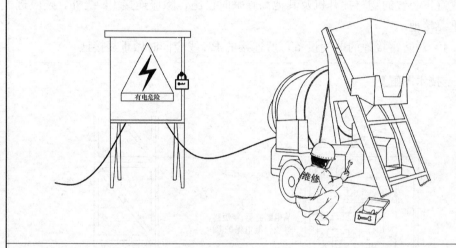

【条文解释】

触电事故是机械作业中常发的事故之一，如：未停电就进行机械的清洁、保养、维修工作，采取预约停送电时间的方式进行维修等，这些操作极易造成触电伤害。因此，在机械清洁、保养、维修工作前必须先断电待机械停稳后再进行，严禁带电作业，且断电后配电箱应关门上锁悬挂标志牌。

【条文规定】

　　8.0.7　水上或潮湿地带的电缆线应绝缘良好，并应具有防水功能，电缆线接头应经防水处理。

【安全技术图解】

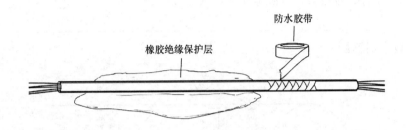

橡胶绝缘保护层

防水胶带

【条文解释】

　　施工现场临时用电易发生触电伤害等危险，为保障施工用电安全，施工现场使用的电缆应选用防水、绝缘性能良好的线缆，电缆接头应采用防水、绝缘性能良好的电工胶带进行封口处理。

【条文规定】

8.0.8　施工照明应符合下列规定：

1　应根据作业环境条件选择适应的照明器具，特殊场所应使用安全特低电压照明器，并应符合下列规定：

1）隧道、人防工程、高温、有导电灰尘、比较潮湿或灯具离地面高度低于2.5m等场所的照明，电源电压不应大于36V。

【安全技术图解】

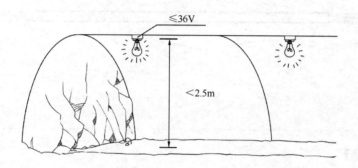

【条文解释】

为保障施工现场特殊场所的施工作业安全，避免触电危险，国家现行相关标准的要求，在无高度触电危险的环境中，电源电压应采用安全电压，电源电压不应大于36V。无高度触电危险的环境包含隧道、人防工程、高温、有导电灰尘、比较潮湿或灯具离地面高度低于2.5m等场所。

【条文规定】

　　8.0.8　施工照明应符合下列规定：

　　1　应根据作业环境条件选择适应的照明器具，特殊场所应使用安全特低电压照明器，并应符合下列规定：

　　2）潮湿和易触及带电体场所的照明，电源电压不得大于 24V。

【安全技术图解】

【条文解释】

　　为保障施工现场特殊场所的施工作业安全，避免触电危险，施工照明电压应符合现行行业标准《施工现场临时用电安全技术规范》JGJ 46 要求，在触电危险性较大的环境中施工照明应采用电源电压不大于 24V 的安全电压。触电危险性较大的环境包含潮湿、易触及带电体场所。

【条文规定】

　　8.0.8　施工照明应符合下列规定：

　　1　应根据作业环境条件选择适应的照明器具，特殊场所应使用安全特低电压照明器，并应符合下列规定：

　　3）特别潮湿场所、导电良好的地面、锅炉或金属容器内的照明，电源电压不得大于 12V。

【安全技术图解】

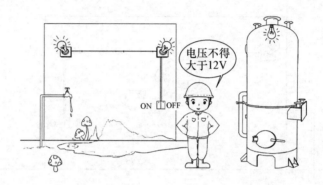

【条文解释】

　　为保障施工现场特殊场所的施工作业安全，避免触电危险，施工照明应符合现行行业标准《施工现场临时用电安全技术规范》JGJ 46 要求，在存在高度触电危险的环境中施工照明应采用电源电压不大于 12V 的安全电压。高度触电危险的环境包含特别潮湿场所、导电良好的地面、锅炉或金属容器内等场所。

【条文规定】

8.0.8 施工照明应符合下列规定：

2 使用行灯电源电压不大于 36V，灯体与手柄应坚固、绝缘良好并耐热耐潮湿，金属网、反光罩、悬吊挂钩固定在灯具的绝缘部位上。

3 照明灯具的金属外壳应与 PE 线相连接，照明开关箱内应装设隔离开关、短路与过载保护电器和漏电保护器。

【安全技术图解】

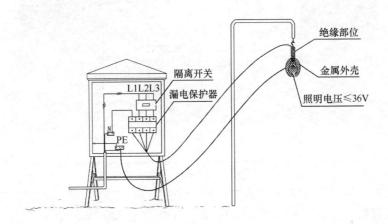

【条文解释】

行灯电源电压不大于 36V，为安全电压。照明灯具的金属外壳与 PE 线相连接，避免漏电造成触电危险。照明开关箱内应设隔离开关、短路与过载保护电器和漏电保护器等，在电路出现短路、过载等故障时，及时断开电源，以避免或降低用电事故危害。

【条文规定】

8.0.8　施工照明应符合下列规定：

4　室外 220V 灯具距地面不得低于 3m，室内 220V 灯具距地面不得低于 2.5m。

【安全技术图解】

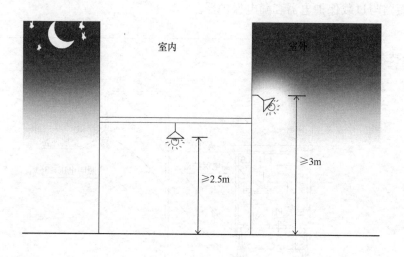

【条文解释】

为保障施工安全，避免触电等危险因素，施工现场的施工照明应接地良好，且照明灯具的安装高度应符合现行行业标准《施工现场临时用电安全技术规范》JGJ 46 中安全高度的要求，避免人直接接触，造成触电危险。

【条文规定】

8.0.9 临时用电工程应定期检查，定期检查时应复查接地电阻值和绝缘电阻值，对发现的安全隐患应及时处理，并应履行复查验收手续。

【安全技术图解】

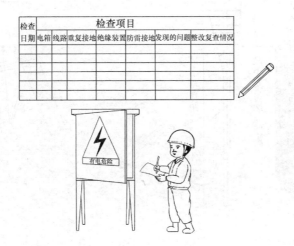

检查日期	检查项目						
	电箱	线路	重复接地	绝缘装置	防雷接地	发现的问题	整改复查情况

【条文解释】

为保障施工现场用电安全，应建立完善的施工用电检查制度，定期由专业电工进行检查并记录设备及线路的接地电阻值和绝缘电阻值，且应由专人进行验收和复查，避免触电等安全事故发生。

【条文规定】

8.0.10　施工现场脚手架、起重机械与架空线路的安全距离应符合相关标准要求，当不满足要求时，应采取有效的绝缘隔离防护措施。

【安全技术图解】

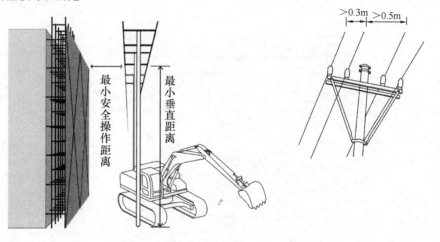

【条文解释】

施工现场脚手架、起重机械与架空线路的安全距离应符合现行行业标准《施工现场临时用电安全技术规范》JGJ 46 的要求，当不满足要求时，必须有效的绝缘隔离防护措施，并悬挂醒目的警告标志。

在建工程（含脚手架）的周边与外架空线路的边缘之间的最小安全操作距离

外电线路电压等级（kV）	<1	1~10	35~110	220	330~
最小安全操作距离（m）	4.0	6.0	8.0	10	

起重机与架空线路边线的最小安全距离

外电线路电压等级（kV）	<1	10	35	220	330
沿垂直方向	1.5	3.0	4.0	6.0	7.0
沿水平方向	1.5	2.0	3.5	6.0	7.0

防护设施与外电线路之间的最小安全距离

外电线路电压等级（kV）	<10	35	110	220	330
最小安全操作距离（m）	1.7	2.0	2.5	4.0	5.0

第6章 起 重 伤 害

【条文规定】

9.0.1 起重机械安装拆卸工、起重机械司机、信号司索工应经专业机构培训，并应取得相应的特种作业人员从业资格，持证上岗。起重司机操作证应与操作机型相符，并应按操作规程进行操作。起重机作业应设专职信号指挥和司索人员，一人不得同时兼顾信号指挥和司索作业。

【安全技术图解一】

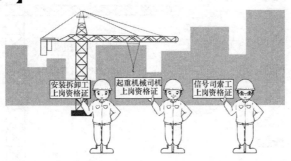

【安全技术图解二】

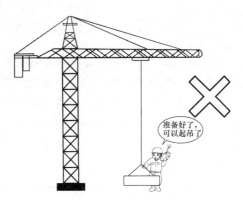

【条文解释】

起重机械的安装、拆除、使用都属于特种作业，安拆人员、操作人员都应取得相应的特种作业人员从业资格证，持证上岗；严禁无证作业或操作证与操作的机型不符。司索工是指吊装作业中主要从事地面工作的人员，负责准备吊具捆绑、挂钩、摘钩、卸载等工作，司索工的工作质量与整个吊运作业安全关系极大，所以司索工应单独配备，不能由信号工兼任。

【条文规定】

9.0.2　从事建筑起重机械安装、拆卸活动的单位应具有相应资质和建筑施工企业安全生产许可证，并在其资质许可范围内承揽建筑起重机械安装、拆卸工程。

【安全技术图解】

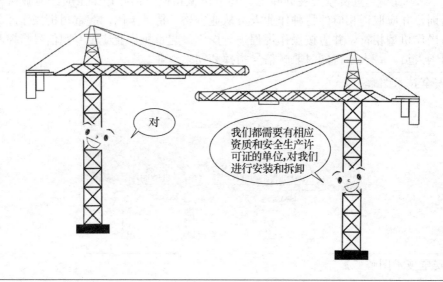

【条文解释】

依照《建筑起重机械安全监督管理规定》（建设部令第166号）第十条规定：从事建筑起重机械安装、拆卸活动的单位应当依法取得建设主管部门颁发的相应资质和建筑施工企业安全生产许可证，并在其资质许可范围内承揽建筑起重机械安装、拆卸工程。未取得企业安全生产许可证、冒用安全生产许可证、使用伪造的安全生产许可证或未在其资质许可的范围内从事建筑起重机的安装、拆除都属于违法施工行为。

【条文规定】

9.0.3　起重机械安拆、吊装作业应编制专项施工方案，超过一定规模的起重吊装及起重机械安装拆卸工程，其专项施工方案应组织专家论证。起重机械作业前，施工技术人员应向操作人员进行安全技术交底。操作人员应熟悉作业环境和施工条件。

【安全技术图解】

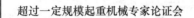

【条文解释】

起重机械安拆与吊装作业危险性大，专业性强，大多属于危险性较大的分部分项工程，施工前均应编制专项施工方案。

根据《危险性较大的分部分项工程安全管理办法》（住房城乡建设部令第37号），对于危险性较大的分部分项工程，施工前编制专项施工方案，对于超过一定规模的危大工程，施工单位应当组织召开专家论证会对专项施工方案进行论证。实行施工总承包的，由施工总承包单位组织召开专家论证会。专家论证前专项施工方案应当通过施工单位审核和总监理工程师审查；专家应当从地方人民政府住房城乡建设主管部门建立的专家库中选取，符合专业要求且人数不得少于5名。与本工程有利害关系的人员不得以专家身份参加专家论证会。

根据《关于实施〈危险性较大的分部分项工程安全管理规定〉有关问题的通知》（建办质〔2018〕31号）的规定，下列起重吊装及起重机械安装拆卸工程属于超过一定规模的危险性较大的分部分项工程：

（一）采用非常规起重设备、方法，且单件起吊重量在100kN及以上的起重吊装工程。

（二）起重量300kN及以上，或搭设总高度200m及以上，或搭设基础标高在200m及以上的起重机械安装和拆卸工程。

【条文规定】

9.0.4　纳入特种设备目录的起重机械进入施工现场，应具有特种设备制造许可证、产品合格证、备案证明和安装使用说明书。起重机械进场组装后应履行验收程序，填写安装验收表，并经责任人签字，在验收前应经有相应资质的检验检测机构监督检验合格。

【安全技术图解】

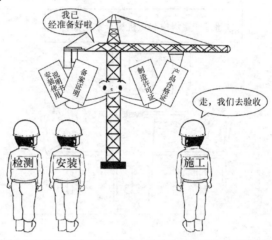

【条文解释】

施工现场所采用的各类载人、载物起重设备或升降设备大多属于特种设备。根据国家质量监督检验检疫总局发布的行业标准《起重机械制造监督检验规则》TSGQ7001—2006 的规定，纳入特种设备目录的起重机械进入施工现场，应具有特种设备制造许可证、产品合格证、备案证明和安装使用说明书；起重机械安装完毕后，使用单位应当组织出租、安装、监理等有关单位进行验收，或者委托具有相应资质的检验检测机构进行验收。同时《建筑起重机械安全监督管理规定》（建设部令第 166 号）也作了同样的规定。

特种设备包括其所用的材料、附属的安全附件、安全保护装置和与安全保护装置相关的设施，根据质检总局《关于修订〈特种设备目录〉的公告》（2014 年第 114 号）所列的目录，建筑施工所涉及的特种设备主要是指用于垂直升降或垂直升降并水平移动重物的机电设备，其范围规定为额定起重量大于或等于 0.5t 的升降机；额定起重量大于或等于 3t（或额定起重力矩大于或等于 40t·m 的塔式起重机，或生产率大于或等于 300t/h 的装卸桥），且提升高度大于或等于 2m 的起重机。

【条文规定】

9.0.5　起重机械的辅助构件、附墙件应由原制造厂家或具有相应能力的专业厂家制造。安装起重设备的地基基础、起重机设备附着处应经过承载力验算并满足使用说明书要求。起重机械的起吊能力应按最不利工况进行计算，索具、卡环、绳扣等的规格应根据计算确定。吊索具系挂点位置和系挂方式应符合设计的规定，设计无规定时应经计算确定。

【安全技术图解一】

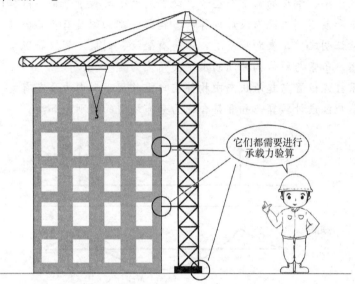

它们都需要进行承载力验算

【安全技术图解二】

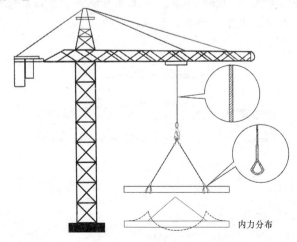

内力分布

【条文解释】

地基基础的承载力是保证设备安全使用的前提，必须保证其稳定性和承载能力。起重吊装过程中，随时都要监测地基基础是否有沉降、开裂等情况；起重机械的附墙件应由原制造厂家制造，如根据现场实际条件须重新设计制作附着装置，首先要对非标附着装置进行设计计算，满足构件承载力、刚度、稳定性的要求。施工升降机导轨架及塔式起重机上塔身的稳定主要是依靠附着装置，所以要求附着装置与结构物连接处的承载力也要经过验算。

索具的大小、卡环的数量与型号、绳扣的大小与数量等都要根据该设备的最大起重量和最不利工况来设计计算，各构配件都必须具有产品合格证，以及相关的检验证明文件，表面应光滑，不得有裂纹、刻痕、剥裂等现象存在，否则严禁使用。吊索与所吊构件间的水平夹角应为 $45° \sim 60°$。

吊索系挂点位置与起吊状态中构件在自重作用下的内力分布有关，一般吊挂点的位置应经设计验算，并宜符合内力分布均匀的原则，如：

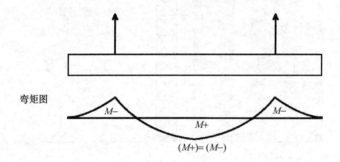

弯矩图

$(M+)=(M-)$

对于桁式屋架等大型构件的吊装，吊索系挂点应符合设计规定，当设计无规定时，应进行吊装工况下构件及连接点承载力验算，如：

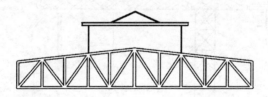

【条文规定】

9.0.6　起重机械安装所采用的螺栓、钢楔或木楔、钢垫板、垫木和电焊条等材质应符合设计要求。起重作业前应检查起重设备的钢丝绳及端部固接方式、滑轮、卷筒、吊钩、索具、卡环、绳环和地锚、缆风绳等，所有索具设备和零部件应符合安全要求。

【安全技术图解一】

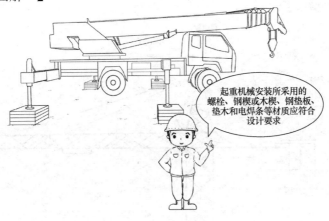

起重机械安装所采用的螺栓、钢楔或木楔、钢垫板、垫木和电焊条等材质应符合设计要求

【安全技术图解二】

起重作业前应检查所有索具设备和零部件，应确保符合安全要求

【条文解释】

本条是对起重机械配套用具作出的安全规定。机械设备使用前，应检查滑轮有无裂缝和损伤，滑轮转动是否灵活，润滑是否良好；重要地锚使用前必须进行抗拔试验，合格后方可使用。其他所有零配件使用前都必须经检查确认其外观质量符合安全要求。

【条文规定】

9.0.7 起重机械的变幅限位器、力矩限制器、起重量限制器、防坠安全器、各种行程限位开关以及滑轮和卷筒的钢丝绳防脱装置、吊钩防脱钩装置等安全保护装置，应齐全有效，严禁随意调整或拆除。严禁利用限制器和限位装置代替操纵机构。

【安全技术图解一】

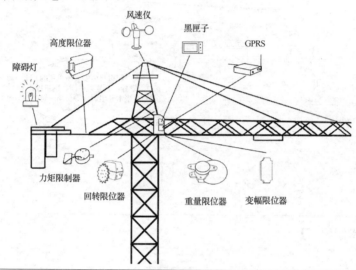

【安全技术图解二】

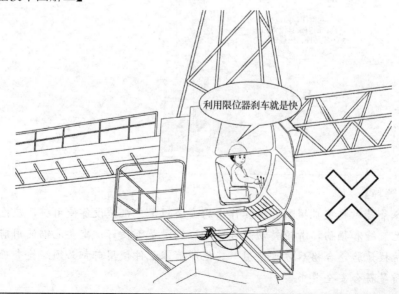

【条文解释】

本条是对起重机械安全装置和保险装置作出的基本安全规定，对相关事项说明如下：

1）起重量限制器：也称超载限位器，是一种能使起重机不致超负荷运行的保险装置，当起吊重量超过额定起重量时，它能自动地切断起升机构的电源停车或发出警报。

2）力矩限制器：对于臂杆变幅起重机，一定的幅度只允许起吊一定的重量的重物，如果超重，起重机就有倾翻的危险。力矩限制器就是根据这个特点研制出的一种保护装置。在某一定幅度，如果吊物超出了其相应的重量，电路就被切断，使提升不能进行，保证了起重机的稳定。

3）高度限位器：一般都装在起重臂的头部，当吊钩滑升到极限位置时，便托起杠杆，压下限位开关，切断电路停车；再合闸时，吊钩只能下降。

4）回转限位器：其作用是限制大臂转到某设定位置处停止。保证回转转到设定的危险范围时，停止转动，以免发生碰撞及其他危险事故。

5）变幅限位器：一般的动臂变幅起重机的起重臂上都挂有一个幅度指示器。它是一个固定的圆形指示盘，在盘的中心装一个铅垂的活动指针。当变幅时，指针指示出各种幅度下的额定起重量。当臂杆运行到上下两个极限位置时，分别压下限位开关，切断主控电路，变幅电机停车，达到限位的作用。对于小车变幅的塔式起重机，幅度限位器的作用是限制载重小车在吊臂的允许范围内运行，且防止小车越位而造成安全事故。

根据现行行业标准《建筑机械使用安全技术规程》JGJ 33 的规定：建筑起重机械的变幅限位器、力矩限制器、起重量限制器、防坠安全器、钢丝绳防脱装置、防脱钩装置以及各种行程限位开关等安全保护装置，必须齐全有效，严禁随意调整或拆除。严禁利用限制器和限位装置代替操作机构。

【条文规定】

9.0.8　吊装大、重、新结构构件和采用新的吊装工艺前应先进行试吊。

【安全技术图解】

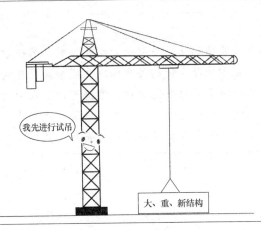

我先进行试吊

大、重、新结构

【条文解释】

在吊装大、重、新结构构件时，应先将重物吊离地面 100mm 左右停止提升，并检查制动器的可靠性，确认无误后方可提升；如采用新的吊装工艺，由于对新的吊装工艺缺乏经验和相关标准，需要对新的吊装工艺进行多次试验，调整参数，确定最终方案可行后才能进行吊装。

【条文规定】

9.0.9　高空吊装预制梁、屋架等大型构件时，应在构件两端设溜绳，作业人员不得直接推拉被吊运物。

【安全技术图解】

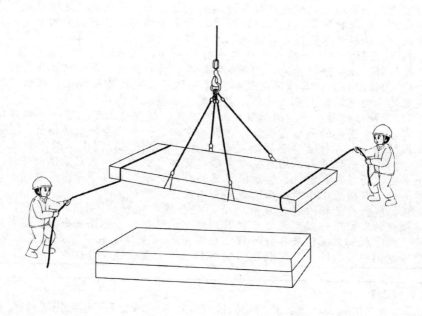

【条文解释】

溜绳是在高空吊装预制梁、屋架等大型构件时，为使被吊物可控，防止构件在高空中来回、左右晃动而使构件自转发生碰撞而设置的辅助用绳。如果起升高度比较高，就位时需旋转一定角度，溜绳可以在人力控制下吊物定位，一般选用化纤绳和棕绳作为起重溜绳。施工现场曾多次发生因作业人员直接推拉被吊物而被推拉至操作平台或楼层以外，从而导致高处坠落的事故。

【条文规定】

　9.0.10　双机抬吊宜选用同类型或性能相近的起重机，负载分配应合理，单机载荷不得超过额定起重量的80％。两机位应协同起吊和就位，起吊速度应平稳缓慢。

【安全技术图解】

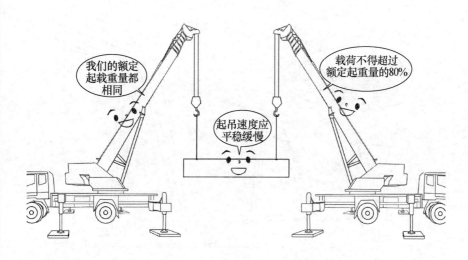

【条文解释】

　　不同型号、性能的起重设备双机抬吊构件时，重量分配不合理，容易造成起重设备的倾覆，比如两台起重量不一样的设备在双机抬吊时，其中起重量较小的一台设备有可能达到了它的额定起重量，而另一台才达到50％的额定起重量，当两台起重机的起升、下降速度不一样时，就有可能造成一台设备超重失稳、翻车，然后另一台设备也会跟着倒塌的现象，这种案例在实际工作中经常发生。在双机抬吊时，应通过计算确认每台起重设备的荷载，且都不能超过额定起重量的80％，这是一种安全储备方法。

【条文规定】

9.0.11　门式起重机、架桥机、行走式塔式起重机等轨道行走类起重机械应设置夹轨器和轨道限位器。轨道的基础承载力、宽度、平整度、坡度、轨距、曲线半径等应满足说明书和设计要求。

【安全技术图解】

轨道的基础承载力、宽度、平整度、坡度、轨距、曲线半径等应满足说明书和设计要求

夹轨器　　　　　　　　轨道限位器

【条文解释】

限位器是安设在轨道上的一个防止起重机脱出轨道的一个保护装置；夹轨器是起重机械大车的保护装置。夹轨器安装在起重机械的行走系统上，在行走轮附近，当起重机械停止作业以后，夹轨器夹住轨道，防止在起大风时把设备带出轨道，从而造成设备倒塌。对于轨道行走式起重机械，轨道的基础设计和施工质量是起重机械运行的基本保障，基础的承载力、宽度、平整度、坡度、轨距、曲线半径等都应满足说明书和设计要求。

【条文规定】

9.0.12 塔式起重机的使用应符合下列规定：

1 塔式起重机基础应按使用说明书的要求进行设计，并应在地基验收合格后安装；基础应设置排水设施。

【安全技术图解】

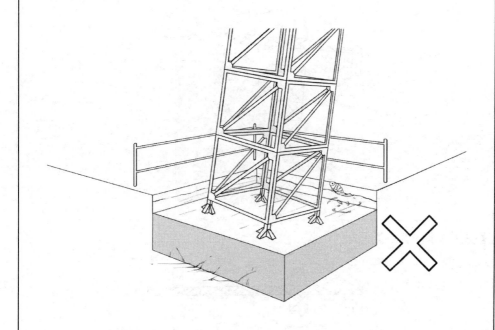

【条文解释】

塔式起重机由于传递到基底的荷载较大，且基底处于偏心受压状态，因此其基础应按照使用说明书提供的相关荷载和内力参数进行专项设计。当塔式起重机设置于不良地基上时，尚应采用地基换填、设置桩基等处理措施。与塔式起重机基础设计有关的标准主要有行业标准《塔式起重机混凝土基础工程技术规程》JGJ/T 187 和《大型塔式起重机混凝土基础工程技术规程》JGJ/T 301。

为防止地基表面积水，避免地基浸泡后承载力降低，基础周边场地应设置排水沟等防排水设施，且场地排水应畅通。近年来由于地基承载不足，基础未按说明书进行设计、施工而导致塔吊倒塌的事故屡见不鲜，所以在施工过程中应随时监测塔吊基础是否有沉降，基础是否积水，排水设施是否完善，以确保塔机的安全使用。

【条文规定】

9.0.12　塔式起重机的使用应符合下列规定：

2　塔式起重机附着处的承载力应满足塔式起重机技术要求，附着装置的安装应符合使用说明书要求。

【安全技术图解一】

【安全技术图解二】

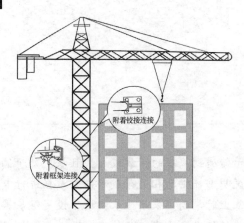

【条文解释】

塔机的附着处必须对建（构）筑物承载结构部位进行承载力验算，确保能承受塔吊在工作或非工作状态下传递的荷载。附着装置由三根水平布置的撑杆和一副套在标准节主弦杆上的附着框架组成。三根撑杆应布置在同一水平面内，撑杆与建筑物的连接方式可根据被附着结构的实际情况而定，但必须满足说明书的要求。

【条文规定】

　　9.0.12　塔式起重机的使用应符合下列规定：

　　3　塔式起重机的高强度螺栓应由专业厂家制造，高强度螺栓不得进行焊接。安装高强度螺栓时，应采用扭矩扳手或专业扳手，并应按装配技术要求预紧。

【安全技术图解】

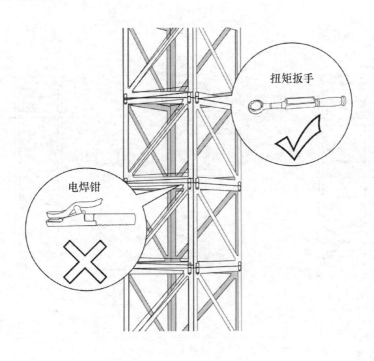

【条文解释】

　　塔式起重机的高强度螺栓应由专业厂家制造。塔身标准节间主要是靠高强度螺栓摩擦型连接进行连接和传力，如果把高强度螺栓进行焊接，螺栓的连接强度会下降，达不到使用要求，且会影响塔身的重复安拆性能。用扭矩扳手紧固螺栓，能反映出当时的扭紧力矩是否符合说明书的要求。

【条文规定】

9.0.12 塔式起重机的使用应符合下列规定:

4 塔式起重机顶升加节应符合使用说明书要求。顶升前,应将回转下支座与顶升套架可靠连接,并应将塔式起重机配平。顶升时,不得进行起升、回转、变幅等操作。顶升结束后,应将标准节与回转下支座可靠连接。

【安全技术图解】

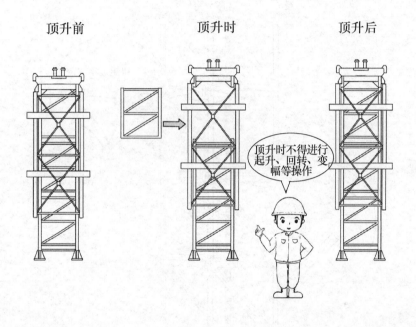

【条文解释】

塔式起重机顶升前,应确认回转下支座与顶升套架连接可靠,不得有松动,因为顶升时,顶升油缸把力传递给顶升套架,顶升套架通过回转下支座来支承塔机上部的全部重量;回转下支座只有在顶升时才和已安装好的标准节断开。顶升时通过顶升套架的向上移动,再加装标准节使塔机升高,一旦加节完毕,应立即把回转下支座与标准节连接牢固。顶升时无论进行哪种操作都极有可能造成塔机的倾覆。

【条文规定】

9.0.12 塔式起重机的使用应符合下列规定：

5 塔式起重机加节后需进行附着的，应按先安装附着装置、后顶升加节的顺序进行。拆除作业时，应先降节，后拆除附着装置。

【安全技术图解】

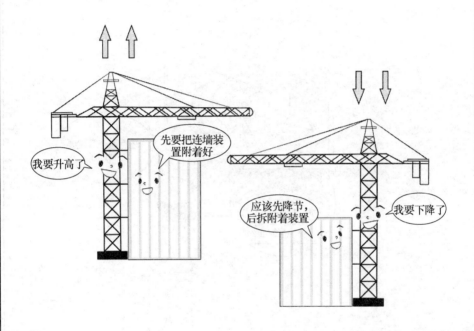

【条文解释】

附着装置是确保上部塔身稳定的构件，加节前应先安装附着装置，保证塔机的稳定后，再按规定（附着以上自由端的高度不能超过使用说明书的要求）加装标准节。拆除时应先将标准节降到最近的一道附着处，再拆除附着装置。不管是在的顶升还是拆除作业时，都必须保证塔式起重机的顶部自由端不能超高。

【条文规定】

9.0.13 施工升降机的使用，应符合下列规定：

1 施工升降机应安装防坠安全器，防坠安全器应在1年有效标定期内使用，不得使用超过有效标定期的防坠安全器。

【安全技术图解】

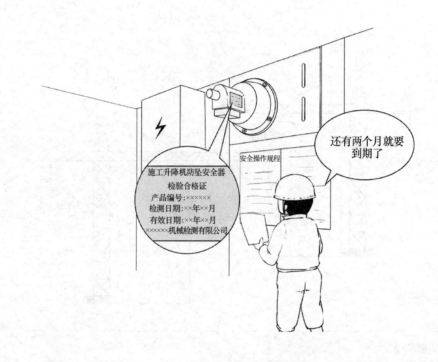

【条文解释】

防坠安全器是施工升降机最重要的安全保障之一，它的主要作用是在升降机使用过程中发生危急的时候，能够断电、及时刹车，让吊笼安全的附靠在导轨架上，防止吊笼坠落。施工升降机防坠安全器的性能和效果直接影响着施工升降机能否安全使用，要保证防坠安全器的有效性，定期的检查必不可少。国家标准《吊笼有垂直导向的人货两用施工升降机》GB 26557—2011 中的规定防坠安全器应在1年有效标定期内使用。

【条文规定】

9.0.13　施工升降机的使用，应符合下列规定：

2　施工升降机使用期间，每3个月应进行不少于一次的额定载重量坠落试验；

5　施工升降机每3个月应进行一次1.25倍额定载重量的超载试验，制动器性能应安全可靠。

【安全技术图解】

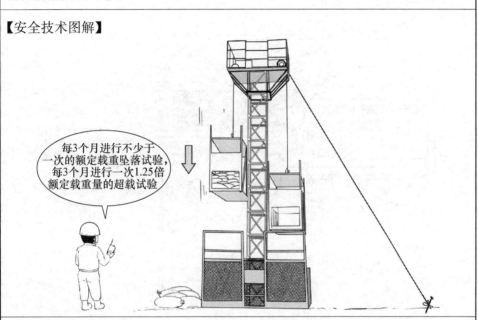

每3个月进行不少于一次的额定载重坠落试验，每3个月进行一次1.25倍额定载重量的超载试验

【条文解释】

额定载重量试验是为了检验导轨架、附墙架、紧固件及吊笼的结构整体性，也可用来检验制动系统的有效性。额定载重量试验之后，应检查施工升降机装置是否因试验而发生破坏或变形。

根据国家标准《吊笼有垂直导向的人货两用施工升降机》GB 26557—2011的规定，额定载重量试验的要求为：吊笼内装额定载重量，载荷重心位置按吊笼宽度方向均向远离导轨架方向偏1/6宽度，长度方向均向附墙架方向偏1/6长度的内偏（以下简称内偏）以及反向偏移1/6长度的外偏（以下简称外偏），按所选电动机的工作制，内偏和外偏各做全行程连续运行30min的试验，每一工作循环的升、降过程应进行不少于一次制动；额定载重量试验后，应测量减速器和液压系统油的温升。

超载试验的要求为：取125%额定载重量。载荷在吊笼内均匀布置，工作行程为全行程，工作循环不应少于3个，每一工作循环的升、降过程中应进行不少于一次制动。

施工升降机超载使用对导轨架、防坠安全器等部件的使用寿命都有不利影响，应按规定进行试验，确保使用安全。

【条文规定】

9.0.13 施工升降机的使用，应符合下列规定：

3 升降机额定载重量、额定乘员数标牌应置于吊笼醒目位置，并应安装超载保护装置。

【安全技术图解】

【条文解释】

施工升降机都有规定的额定载重量。为了限制施工升降机超载使用，施工升降机应装有超载保护装置，并按规定进行试验，确保使用安全。

根据国家标准《吊笼有垂直导向的人货两用施工升降机》GB 26557—2011的规定，施工升降机应配备超载检测装置。在吊笼内载荷超过额定载重量10%以上时，超载检测装置在吊笼内应给出清晰的信号，并阻止其正常启动。

升降机额定载重量、额定乘员数标牌应置于吊笼醒目位置，司机必须核定载重量和乘员数量后，方可运行，严禁超载运行。一般施工升降机的额定乘员数为9人（含司机）。

【条文规定】

9.0.13 施工升降机的使用，应符合下列规定：

6 施工升降机应设置附墙架，附墙架应采用配套标准产品，附墙架与结构物连接方式、角度应符合产品说明书要求；当标准附墙架产品不满足施工现场要求时，应对附墙架另行设计；

7 附墙架间距、最高附着点以上导轨架的自由高度应符合产品说明书要求。

【安全技术图解】

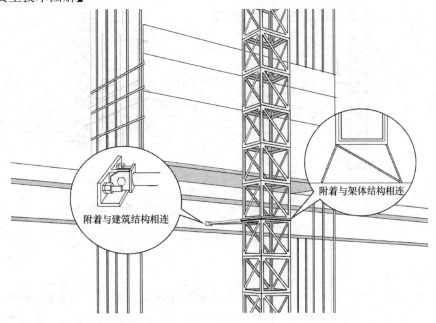

附着与建筑结构相连

附着与架体结构相连

【条文解释】

施工升降机导轨架的附墙件应采用配套标准部件，当由于现场实际条件所限制不能采用标准附墙架时，施工现场可根据实际另行设计制作，设计应满足构件承载力、刚度及稳定性要求，设计方案及计算书应由制作单位技术负责人审批，制作应满足设计要求，且应经制作单位质量部门检验合格。附墙架一般采用预埋螺栓的方式与结构进行可靠连接，支撑杆角度不能超过产品说明书允许范围，否则会造成对导轨架约束减弱，造成导轨垂直度出现过大偏差。附墙架的间距、最高附着点以上导轨架的自由高度，在任何情况下均不应超过产品说明书的规定，如果自由端高度超过超限，可能会导致升降机的倾翻。

【条文规定】

9.0.14 装配式建筑施工应根据预制构件的外形、尺寸、重量，采用专用吊架配合预制构件吊装。

【安全技术图解】

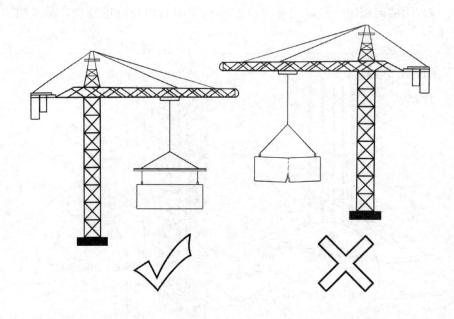

【条文解释】

预制构件吊装应采用专用吊架或吊装扁担等辅助装置，专用吊架的设置都是为了保证起重机械在起吊构件时，避免因吊点角度不够而对构件产生水平拉力从而对构件造成损伤。特别是在钢结构、桥梁施工中，常常都会吊装大型的钢构件或预制混凝土梁式构件，而该类型构件大部分截面较小，但吊点位置基本上都设置在构件的两端，为防止由于吊点索具的角度不足而引起构件破坏，必须设置专用吊架或吊装扁担等，以确保构件在吊装工况下受力合理。

【条文规定】

9.0.15 在装配式构件、大模板等待吊装构件上设置的吊环应符合下列规定：

1 吊环应采用 HPB300 级钢筋或 Q235 圆钢制作，不得采用冷加工钢筋制作，且每个吊环按 2 个截面计算，采用 HPB300 级钢筋时，吊环应力不应大于 65 N/mm²，采用 Q235 圆钢时，吊环应力不应大于 50N/mm²。当一个构件上设有 4 个吊环时，应按 3 个吊环进行计算；

3 装配式吊环与构件采用螺栓连接时应采用双螺母。

【安全技术图解】

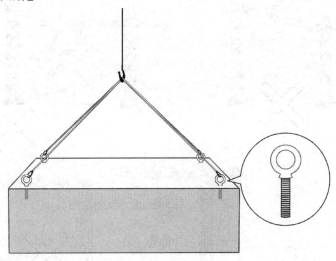

【条文解释】

加工吊环、吊钩需要弯曲加工，螺纹带肋冷加工钢筋质地比较硬脆，可塑性差，易折断，且容易磨损相关吊装配件，在施工中，螺纹带肋钢筋的这些性能会造成重大的安全隐患，比如在起吊重物的时候吊环断裂，就会造成重大安全事故。圆钢的性能则避免了这些缺点。

但进行吊装承载力计算时，考虑到吊环钢筋已通过冷弯进入塑性状态，吊环母材应力只能发挥至其屈服强度的 20% 左右，且不可用其屈服强度进行承载力计算。构件吊装时虽设置 4 个吊点，但由于 4 个吊点受力不均匀，按照相关标准要求，出于安全考虑只能按 3 个吊环计算。规定螺栓连接时采用双螺母是为了增大安全储备。

【条文规定】

9.0.16 当多台起重机械在同一施工现场交叉作业时，应采取防撞的安全技术措施。多台塔式起重机在同一施工现场交叉作业，应编制专项方案，低位塔式起重机的起重臂端与另一台塔式起重机的塔身之间的距离不得小于 2m，且高位塔式起重机的最低位置的部件与低位塔式起重机中处于最高位置部件之间的垂直距离不得小于 2m。

【安全技术图解】

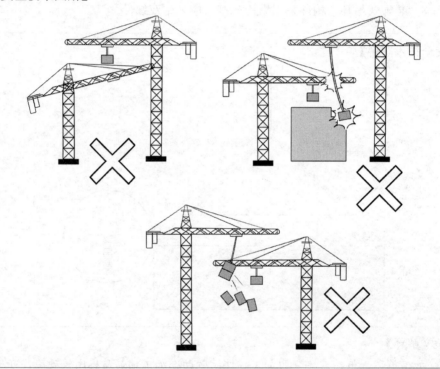

【条文解释】

多机作业在施工现场很常见。尤其是多台塔式起重机同时作业时，群塔作业由于距离较近，施工中既要满足生产要求，又要减少相互干扰，因此合理布置非常重要，安装前应制定平面布置和立体协调方案，然后根据实际情况编制多机作业的专项施工方案。施工中，为防止多塔相互碰撞，必须遵照专项方案中的防碰撞措施实施作业，确保塔吊作业安全。

【条文规定】

9.0.17 吊装作业区域四周应设置明显标志,严禁非操作人员入内。构件起吊时,所有人员不得站在吊物下方,并应保持一定的安全距离。

【安全技术图解】

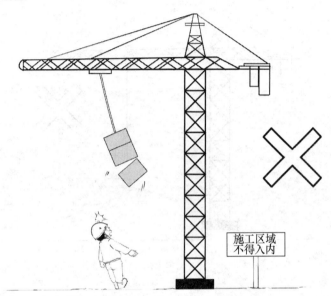

施工区域
不得入内

【条文解释】

吊装作业与下部人员作业或通行构成了典型的交叉作业,塔式起重机作业显得尤为突出。行业标准《建筑施工塔式起重机安装、使用、拆卸安全技术规程》JGJ 196—2010 中规定:起重机作业时,在臂长的水平投影范围内应设置警戒线,并有监护措施;起重臂和重物下方严禁有人停留、工作或通过,禁止从人上方通过。工程中很多吊物伤人事件都是由于未按该要求作业,而发生的安全事故。

【条文规定】

9.0.18　起重机械起吊的构件上不应有人、浮置物、悬挂物件,吊运易散落物件或吊运气瓶时,应使用专用吊笼。起重机严禁采用吊具载运人员。

【安全技术图解一】

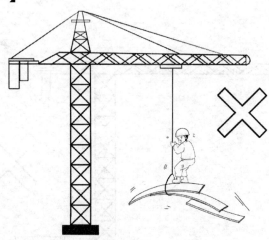

【安全技术图解二】

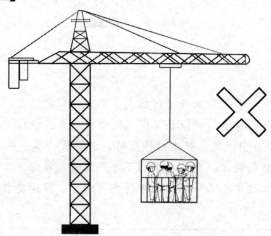

【条文解释】

浮置物、悬挂物件、易散落物件以及气瓶应采用专门的吊笼,以防止物件的散落。起重机械吊人是严重违反操作规程的。为了保证操作和人身的安全,以及避免出现各种危险因素,建筑施工任何起重机械载人施工升降机除外严禁用吊具载运人员。

【条文规定】

9.0.19 吊运作业时，吊运材料应绑扎牢固，细长物件不得单点起吊。吊运散料时应使用料斗，严禁使用钢丝绳绑扎吊运。

【安全技术图解一】

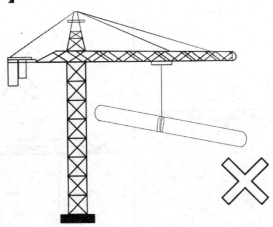

【安全技术图解二】

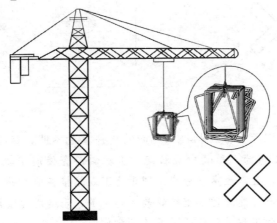

【条文解释】

起重机械起吊细长形重物时不能采用单点起吊。单点吊装挂钩非常容易，但起吊后稳定性较差，且当被吊运设备或构件太大时还容易变形。单点起吊的细长物件落钩时作业人员一扶就容易移位，重心非常难控制，若直接落地面也不易扶正，所以严禁采用单点吊装。此外，吊运任何物件都必须使用专用吊索与吊具，具其端编结方式与挂钩方式专门有规定，且不可用起吊钢丝绳直接捆绑吊运。

【条文规定】

9.0.20 被吊重物应确保在起重臂的正下方，严禁斜拉、斜吊，严禁吊装起吊重量不明、埋于地下或粘接在地面上的构件。

【安全技术图解】

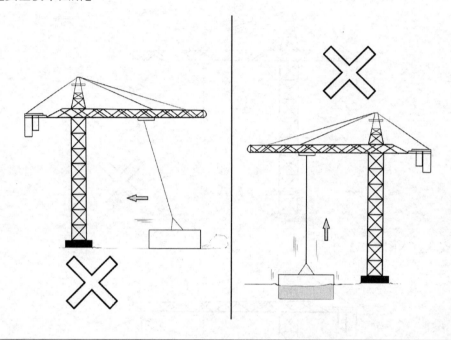

【条文解释】

歪拉斜吊、埋于地下或粘接在地面的构件重量不明，这些都是起重机械"十不吊"的禁止行为，吊装中应杜绝。歪拉斜吊会使起重机械的受力增大，增加了它的荷载，且产生水平分力；埋于地下或粘接在地面的构件，同样都会造成重量不明，有可能超过起重机的最大起重量，而造成起重设备的倾覆。施工中应严格按操作规程进行作业，严禁违章作业。

【条文规定】

9.0.21　起重吊装作业的操作控制应符合下列规定：

1　吊运重物起升或下降速度应平稳、均匀。

【安全技术图解】

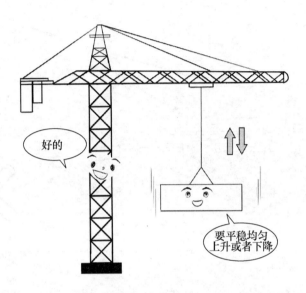

【条文解释】

在吊装作业时，塔式起重机严禁从1挡直接换到3挡，或直接从2挡换到停止按钮上；汽车吊严禁在起升或下降的过程中经常性的加油松油。这些操作都会造成重物在运行中不平稳，从而使得重物的瞬时惯性荷载增大，影响起重设备机构各方面的性能，甚至引发事故。

【条文规定】

9.0.21　起重吊装作业的操作控制应符合下列规定：

2　起重机主、副钩不应同时作业。

【安全技术图解】

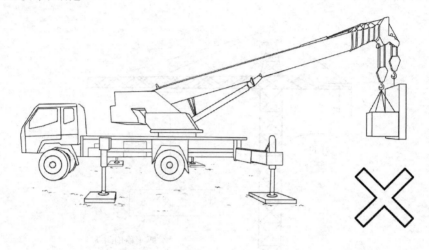

【条文解释】

在汽车吊实际作业中，主、副钩有时要配合着使用。如工件翻转时，如果用单钩（主钩或副钩）进行翻边作业则会有极大的安全风险，这就需要使用小钩辅助。双钩作业中，当主钩升到一定高度并在适当位置停住，然后再用副钩进行辅助操作，但不能操作主、副钩同时进行升降作业。同理，更不能同时使用主、副钩起吊或下降重物。

【条文规定】

9.0.21 起重吊装作业的操作控制应符合下列规定：

3 起重机在满负荷或接近满负荷时，不得进行增大幅度方向的动作或同时进行两个动作。

【安全技术图解】

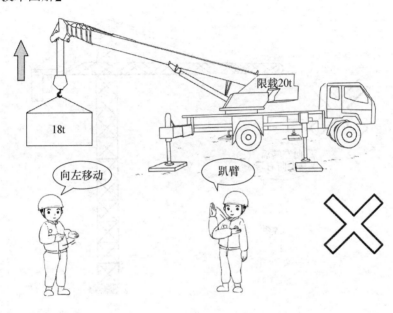

【条文解释】

起重机在满负荷或接近满负荷时，应先将重物吊离地面 100mm 左右停止提升，并检查制动器的可靠性，确认无误后方可提升。如果此时再进行增大幅度方向的动作，就增大了起重机的起重力矩，可能会造成设备的折臂或倾覆。在接近满负荷状态时严禁同时进行两个动作，且此时起重臂的左右旋转角度都不能太大，并严禁快速起落。

【条文规定】

9.0.21　起重吊装作业的操作控制应符合下列规定：

4　起重机回转未停稳时，不得反向动作。

【安全技术图解】

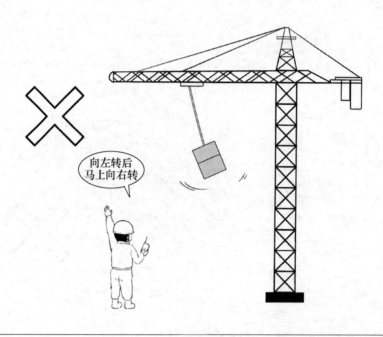

向左转后
马上向右转

【条文解释】

　　臂式起重机的臂架长、质量大，回转时惯性很大，在回转时突然反转会产生巨大的冲击载荷，轻则机构损坏，重则结构破坏机毁人亡，这就是操作人员俗称的"打反车"。在重物要达到指定位置前，应提前减速并停止回转动作，可依靠起重机的回转惯性，使重物停在指定位置上。

【条文规定】

9.0.22 暂停作业时，吊装作业中未形成稳定体系的部分，必须采取临时固定措施。临时固定的构件，应在完成永久固定后方可解除临时固定措施。

【安全技术图解】

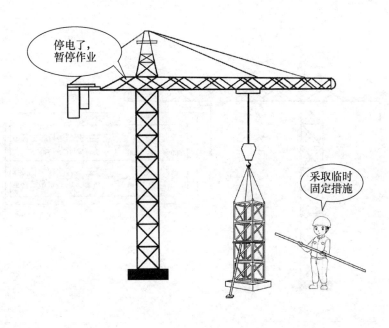

【条文解释】

重物在吊运及安装过程中，如遇停电，吊运设备停止运转时，不能将重物悬挂在空中，应及时采取措施将重物下降到安全的地方，并及时采取临时固定措施，使结构件形成临时稳定体系，以防止构件在外力或大风等作用下倾翻，从而引起安全事故的发生。

【条文规定】

9.0.23　在风速达到 9m/s 及以上或大雨、大雪、大雾等恶劣天气时，严禁进行起重机械的安装拆卸作业。在风速达到 12m/s 及以上或大雨、大雪、大雾等恶劣天气时，应停止露天的起重吊装作业。

【安全技术图解】

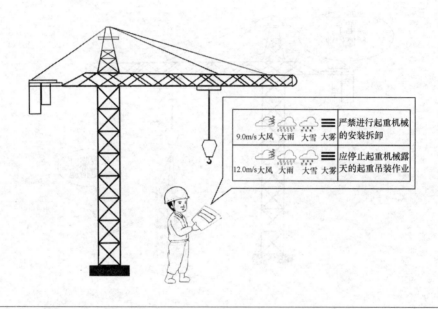

【条文解释】

各种起重机械的说明书中都作出了在恶劣天气下不能作业的规定。因为起重机械在恶劣天气下作业时自身各机构的安全性能不能得到保障，特别是限位装置、保护装置、各机构刹车等的性能不能满足安全要求，更不能保证未安装或拆卸完成的"半成品"起重机械的自身结构稳定。在恶劣天气下操作人员的视线也不好，作业人员将会处在危险的环境中，因此在恶劣天气下应停止露天的起重吊装作业。

【条文规定】

9.0.24　雨雪后进行吊装时，应清理积水、积雪，并应采取防护措施，作业前应先试吊。

【安全技术图解】

清理好了，我先进行试吊

【条文解释】

雨雪后进行吊装时，应清理积水、积雪，对起重机械进行检测、维修和保养，确保各种安全装置、限位装置有效可靠，并检查各机构的刹车等动作是否灵敏可靠、基础有无积水、沉降等，上述内容均确认无误后方可使用。作业前应先试吊，把重物先缓慢、平稳的起吊离地面 100mm，确认各机构、安全装置、限位装置、刹车等工作正常后，方可进行正式吊装作业。

第7章 其他易发事故

7.1 淹 溺

【条文规定】

10.1.1 基坑和顶管工程施工时，应采取防淹溺措施，并应符合下列规定：

1 基坑、顶管工作井周边应有良好的排水系统和设施，避免坑内出现大面积、长时间积水。

【安全技术图解】

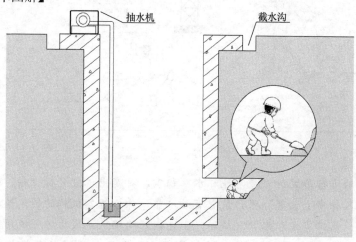

【条文解释】

基坑工程（含顶管工作井）施工中，场地内雨期容易积水，为防止溺水等次生灾害的发生，基坑周边应有良好的排水设施，如：在作业坑四周筑围堰、坑边设截排水沟等，防止雨水倒灌入基坑，并在坑内设积水池并配备专门抽水泵，及时排除坑内积水。

【条文规定】

10.1.1 基坑和顶管工程施工时，应采取防淹溺措施，并应符合下列规定：

2 采用井点降水时，降水井口应设置防护盖板或围栏，并应设置明显的警示标志，完工后应及时回填降水井。

【安全技术图解】

【条文解释】

井点降水是基坑降水的常用措施，降水井口也是淹溺事故的易发场所，因此应在使用过程中设置警示标志，做好孔洞口安全防护，使用后及时回填，消除隐患，以免误入坠井发生淹溺事故。

【条文规定】

　　10.1.1　基坑和顶管工程施工时，应采取防淹溺措施，并应符合下列规定：

　　3　对场地内开挖的槽、坑、沟及未竣工建筑内修建的蓄水池、化粪池等坑洞，当积水深度超过 0.5m 时，应采取有效的防护措施，夜间应设红灯警示。

【安全技术图解】

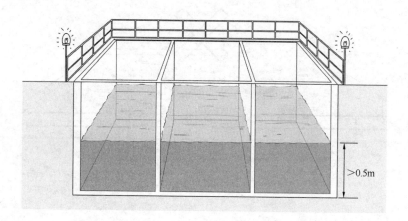

>0.5m

【条文解释】

　　本条规定是为了防止人员误入池内而发生淹溺事故。基坑四周应按临边作业要求设置防护栏杆，且防护栏杆宜刷红白相间安全警戒漆（间距 300mm），踢脚板刷红白相间安全警戒漆（间距 200mm），并在护栏上悬挂警示牌，夜间是人员易失足坠坑的时间段，有积水的坑边应设红灯进行警示。

【条文规定】

10.1.2 地下水丰富地带的人工挖孔桩工程，或在雨季施工的挖孔桩工程，应采取场地截水、排水措施，下孔作业前应配备抽水设备及时排除孔内积水，井底抽水作业时，人员不得下孔作业。渗水量过大时，应采取降水措施。

【安全技术图解】

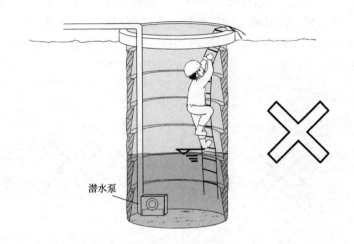

潜水泵

【条文解释】

人工挖孔桩作业受地下水及地表水影响大，孔内涌水易造成孔内作业人员淹溺事故。桩孔内积水较深时，要考虑对挖孔桩的安全影响，一般应暂停施工，不准人员下孔作业。并应随时加强对孔壁涌水情况的观察，发现异常情况应及时采取处理措施。采用潜水泵抽水时，要在基本抽干孔中积水后，作业人员才能下至孔中挖土，且孔内必须设置应急爬梯。抽干井底水后，应把潜水泵提升至井面后，方能下孔作业。井下抽水应通过采取安全用电防护措施防止触电事故发生。如遇孔壁渗水量过大，则应采取降水措施确保孔内干作业，或改为机械成孔方式。

7.2 爆炸和放炮

【条文规定】

　　10.4.1　爆破作业和爆破器材的采购、运输和储存等应按现行国家标准《爆破安全规程》GB 6722 的规定执行。严禁使用不合格、自制、来路不明的爆炸物及爆破器材；当日剩余的爆炸物品应经现场负责人、爆破员、安全员清点后由爆破员或安全员退回仓库储存，并应进行退库登记，严禁私自带回宿舍或私自储存。

【安全技术图解】

【条文解释】

　　所谓"爆炸"事故，是指火药与炸药在运输，储藏过程中发生爆炸造成的伤害事故，或可燃性气体瓦斯、煤尘与空气混合引起化学性爆炸造成的伤害事故，从术语定义可见，炸药存放安全是预防爆炸事故的重要措施。

　　炸药属于管制物品，必须按其特性严格分库保管，严禁私人存放。使用变质炸药或不合格雷管爆破，会导致爆燃、残爆及拒爆等事故，因此严禁使用。

【条文规定】

　　10.4.2　施工现场气瓶使用应符合下列规定：

　　1　气瓶应设置防震圈和防护帽，使用时应安装减压器，不得倾倒或暴晒。

【安全技术图解】

【条文解释】

　　气瓶边是建筑施工现场预防爆炸事故的重要危险源。现行行业标准《建筑机械使用安全技术规程》JGJ 33、《施工现场机械设备检查技术规范》JGJ 160均对气瓶安全使用作出了具体规定。

　　气瓶的内部压力很高，且在现场使用时不可避免的会受到撞击和磕碰，尤其是气瓶由立直状态倒下时，受到的撞击很大，为避免气瓶受撞击破损而引起爆炸，气瓶应设置防震圈、防护帽，以减轻撞击和碰撞对气瓶的影响。由于气瓶内压力较高，而气焊和气割使用点所需的压力却较小，需用减压器来将储存在气瓶内的较高压力的气体降为低压气体，并应保证所需的工作压力保持稳定状态。

【条文规定】

10.4.2　施工现场气瓶使用应符合下列规定：

2　乙炔瓶应安装回火防止器；

3　气瓶应分类存放，氧气瓶和乙炔瓶放置间距应大于5m，气瓶到动火点的距离不应小于10m。

【安全技术图解】

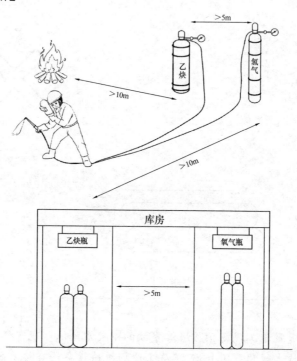

【条文解释】

乙炔是施工现场经常使用的气体，由于乙炔是一种不稳定的化合物，当压力超过两个大气压时能分解，并放出大量的热，同时由于压力的增高，使其余乙炔气全部分解产生爆炸；但是乙炔气瓶中装有丙酮后，在15℃时，1个体积的丙酮能溶解23.5个体积乙炔，当压力为16个大气压时可溶解360个体积乙炔。气瓶倒放时丙酮会沉入减压阀、皮管等阻塞乙炔气通路，容易产生回火，发生燃爆事故。在发生事故或系统不稳定的状况下，当管内燃气压力降低时，燃烧点的火会通过管道向气源方向蔓延，称作回火。为防止并阻断这种回火需安装回火防止器。

规定气瓶之间距离以及气瓶与动火点的最小距离主要是考虑避免两瓶内气体泄漏引起爆炸。同时使用两种气体作业时，尚应注意不同气瓶均应安装单向阀，防止气体相互倒灌。

【条文规定】

    10.4.2 施工现场气瓶使用应符合下列规定：

    4 不得以氢气瓶充装氧气，也不得用氧气瓶充装乙炔气；

    5 不得用氧气代替压缩空气作为气动工具的动力源。

【安全技术图解】

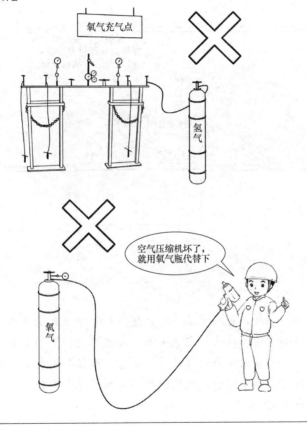

【条文解释】

    气瓶的设计与制造是根据所容纳介质的特性为依据的。由于不同的气体具有不同的物理特性，其液化的温度与压力都是气瓶制造中材质、厚度、安全系数设定的依据，不同介质的气体应对应使用相应的气瓶，混用会导致危险的发生。

    不得用氧气代替压缩空气作为气动工具的动力源，其原因是，氧气在高压下，会引起油、橡胶等物品的爆炸，粉末物质在纯氧气环境，更容易爆炸，且氧气是助燃物质，所以不能替代压缩空气。

【条文规定】

10.4.4　从事爆破工作的爆破员、安全员和保管员应经专业机构培训，并应取得相应的从业资格。

【安全技术图解】

【条文解释】

所谓"放炮"事故，是指爆破施工，建（构）筑物拆除施工中，进行放炮作业而造成的伤害事故。从术语定义来看，各类爆破作业的安全控制是预防放炮事故的关键。从事爆破工作的爆破员、安全员和保管员都是专业性较强的工种，在各类爆炸与放炮事故中，未取得从业资格而导致事故发生的案例屡见不鲜，故对此作出规定。

【条文规定】

10.4.5 爆破作业单位实施爆破项目前，应办理审批手续，经批准后方可实施爆破作业。

【安全技术图解】

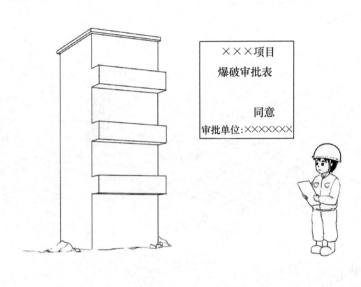

×××项目

爆破审批表

同意

审批单位：×××××××

【条文解释】

根据《民用爆炸物品安全管理条例》（中华人民共和国国务院令第 466 号及 653 号）、行业标准《爆破作业项目管理要求》GA 991 等规定，在城市、风景名胜区和重要工程设施附近实施爆破作业的，应经爆破作业所在地设区的市级公安机关批准后方可实施。

【条文规定】

　　10.4.6　预裂爆破、光面爆破、大型土石方爆破、水下爆破、重要设施附近及其他环境复杂、技术要求高的爆破工程应编制爆破设计方案，制定相应的安全技术措施；其他爆破工程可编制爆破说明书，并应经有关部门审批同意。

【安全技术图解】

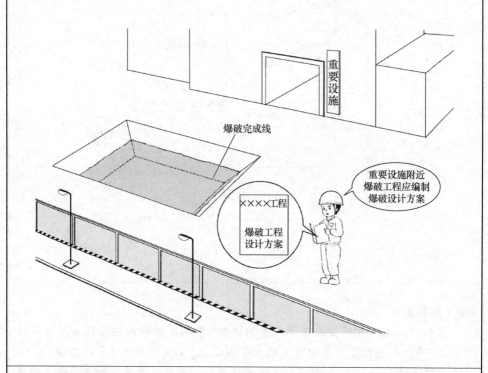

【条文解释】

　　由于各类环境复杂、技术含量高的爆破工程作业易在施工过程中因各种因素导致放炮伤害事故的发生。故对该类型爆破工程需要进行专项设计，并制定安全措施，且不可通过主观判断确定爆破工艺与相关参数。

【条文规定】

10.4.7　经审批的爆破作业项目，爆破作业单位应于施工前3天发布公告，并应在作业地点周围张贴，施工公告应明确工程负责人及联系方式、爆破作业时限等。

【安全技术图解】

【条文解释】

　　设立施工公告并且提前告知，主要是让作业周边居民提前知晓爆破作业项目工作内容，在发生紧急情况下可以和负责人联系。同时提前告知也可以建立与周边居民的良好关系。

【条文规定】

10.4.8 爆破作业应符合下列规定：

1 爆破作业应设警戒区和警戒哨岗，配备警戒人员和警戒设施，警戒人员应与爆破指挥部信息畅通。起爆前应撤出人员并应发出声光等警示信号；起爆后检查人员应在安全等待时间过后方可进入爆破警戒区范围内进行检查，并应在确认安全后，方可由爆破指挥部发出解除爆破警戒信号，在此之前，岗哨不得撤离，非检查人员不得进入爆破警戒范围。

【安全技术图解】

【条文解释】

本款规定了爆破作业时警戒相关工作的要求。由于现场施工人员众多且流动性大，如有人处于爆破警戒区，在爆破过程中易被飞石砸中而发生放炮事故。

【条文规定】

　　10.4.8　爆破作业应符合下列规定：

　　2　钻孔装药作业应由爆破工程技术人员指挥，爆破员操作，并应按爆破设计方案进行网络连接。钻孔装药应拉稳药包提绳，配合送药杆进行。在雷管和起爆药包放入之前发生卡塞时，应采用长送药杆处理，装入起爆药包后，不得使用任何工具冲击和积压。

【安全技术图解】

【条文解释】

　　钻孔装药作业是专业性很强的工作，所以必须由专业爆破员按设计方案实施。在装入起爆药包后，如果使用其他工具冲击和积压，极易导致爆炸事故发生。

【条文规定】

10.4.8　爆破作业应符合下列规定：

4　盲炮检查应在爆破 15min 后实施，发现盲炮应立即设立安全警戒，及时报告并由原爆破人员处理。电力起爆发生盲炮时应立即切断电源，爆破网络应置于短路状态。

【安全技术图解】

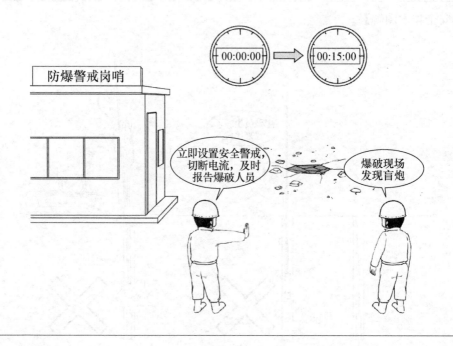

防爆警戒岗哨

立即设置安全警戒，切断电流，及时报告爆破人员

爆破现场发现盲炮

【条文解释】

规定施工现场盲炮检查间隔时间及处理方式，主要是为了防止在盲炮检查中的不规范操作而发生爆炸伤人事故。同时盲炮的处理还应符合现行国家标准《爆破安全规程》GB 6722 的相关规定。

7.3 中毒和窒息

【条文规定】
　　10.5.1　在易产生有毒有害气体的狭小或密闭的缺氧空间作业前，应检测有毒有害气体和氧含量，根据检测结果，及时通风或排风，并应符合下列规定：
　　1　地下管道、烟道、涵洞施工前，应强制送风，且空气中有毒有害气体和氧含量符合要求后方可作业，并应保持空气流通。

【安全技术图解】

【条文解释】
　　每天开工前应用气体检测仪进行有毒气体的检测，确认孔内气体正常后，才准下人。以前，经常采用活禽、小动物进行检测，但由于动物本身的个体差异以及动物与人对有毒有害气体的反应灵敏度不同，采用小动物进行有毒有害气体不一定可靠，推荐使用专业的有毒有害气体检测仪进行空气质量检测，对此各地有不同的规定，如重庆规定：人工挖孔桩等易产生有毒有害气体的狭小空间或密闭缺氧空间，每班作业过程前必须强制性预先送风，施工人员在下孔作业前，先用气泵向孔内送风，并检查确认无问题时，才允许下孔作业。操作时桩孔上人员密切观察桩孔下人员情况，预防安全事故发生。
　　人工挖孔桩施工中发生最多的事故当属井下有毒有害气体引起的中毒和窒息事故，如：2018年，重庆市某工程项目在人工挖孔桩施工过程中，1名作业人员下井作业时遇不明气体引发中毒窒息，后另2名人员下井救援因方法不当也相继中毒窒息，3人经抢救无效死亡。

【条文规定】

10.5.1　在易产生有毒有害气体的狭小或密闭的缺氧空间作业前，应检测有毒有害气体和氧含量，根据检测结果，及时通或排风，并应符合下列规定：

2　当挖孔桩开挖深度超过5m或有特殊要求时，下孔作业前，应采取机械送风，送风量不应小于25L/s。

【安全技术图解】

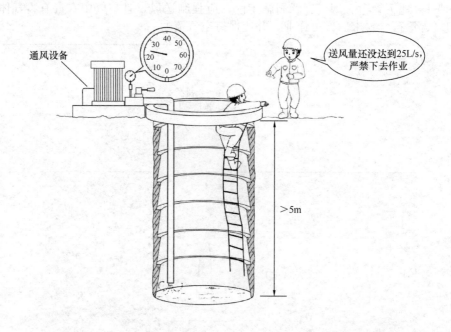

通风设备

送风量还没达到25L/s，严禁下去作业

>5m

【条文解释】

挖孔桩井下作业是建筑施工现场极易产生有毒有害气体的场所。根据施工经验的总结，当桩孔深度超过5m时，土层中的有毒有害气体产生的概率增加（8m～9m时最易产生有毒有害气体），当为腐殖土层时或垃圾填埋区等特殊土层时，应在开孔后随开挖的进行不间断送风，根据相关标准规定，人工挖孔桩机械送风量不应小于25L/s。

【条文规定】

10.5.1 在易产生有毒有害气体的狭小或密闭的缺氧空间作业前，应检测有毒有害气体和氧含量，根据检测结果，及时通风或排风，并应符合下列规定：

4 作业过程中，应监测作业场所空气中氧含量的变化，作业环境空气中氧含量不得小于 19.5%。

【安全技术图解】

【条文解释】

氧含量低于 16% 时会影响人类的判断力、呼吸能力或造成呼吸迅速衰竭，低于 6% 时会引起呼吸困难，并在数分钟内即可脑死甚至致命，因此在缺氧作业场所作业，必须随时监测作业场所空气中氧含量的变化情况，若出现异常，应立即采取措施。

【条文规定】

10.5.1　在易产生有毒有害气体的狭小或密闭的缺氧空间作业前，应检测有毒有害气体和氧含量，根据检测结果，及时通风或排风，并应符合下列规定：

5　不得用纯氧进行通风换气。

【安全技术图解】

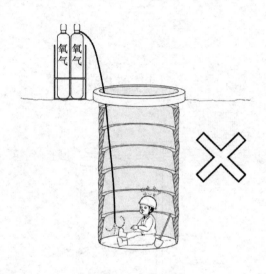

【条文解释】

当氧气浓度超过70%的时候，高纯度氧气会对人体产生危害，也就是所谓的氧中毒。采用纯氧进行通风换气，易引起氧中毒。同时由于氧气有助燃作用，纯氧送风易引起火灾。

【条文规定】

10.5.2 在狭小或密闭空间进行电焊、油漆、明火等作业时，应保持空气流通。

【安全技术图解】

【条文解释】

电焊作业会产生电焊烟尘和有毒气体；油漆作业中会挥发出甲醛；明火作业会消耗空气中的氧气。上述环境作业时必须保持空气的流通。

【条文规定】

　　10.5.3　在密闭容器内使用氩、二氧化碳或氦气进行焊接作业时，应在作业过程中通风换气，氧含量不得小于 19.5%。

【安全技术图解】

氧气含量
低于19.5%

滴滴

【条文解释】

　　焊接作业的主要职业危害有粉尘、有毒气体、电弧光辐射、高频电磁场、高温等，其中以电焊烟尘、有毒气体、电弧光辐射最为常见，焊接作业也会消耗氧气，会引起作业人员由于缺氧而发生窒息事故。

【条文规定】

10.5.4 在已确定为缺氧作业的场所作业时，应有专人监护，并应采取下列措施：

1 无关人员不得进入缺氧作业场所，并应在醒目处设置警示标志。

【安全技术图解】

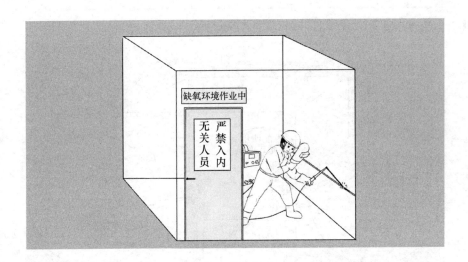

缺氧环境作业中

严禁入内

无关人员

【条文解释】

如果脑的供血供氧完全中断，在8～15s就会丧失知觉，6～10min就会造成不可逆转的损伤。因此在缺氧环境中作业时，应有专人监护，无关人员严禁进入，避免造成伤害。

【条文规定】

10.5.4 在已确定为缺氧作业的场所作业时，应有专人监护，并应采取下列措施：

2 作业人员应配备并使用空气呼吸器或软管面具等隔离式呼吸保护器具，不得使用过滤式面具。

【安全技术图解】

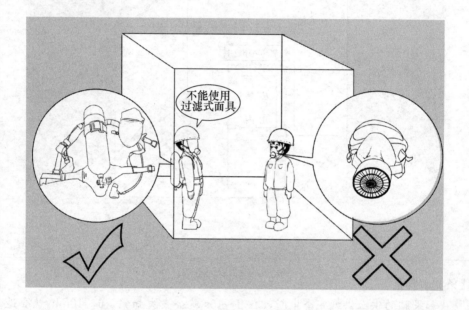

【条文解释】

在缺氧环境中，当使用过滤式防毒面具的时候，防毒面具使用者呼吸的是所处环境（缺氧环境）中的经过滤毒罐吸附过滤掉毒气后的空气；而空气呼吸器或软管面具等隔离式呼吸保护器具呼吸的是所处环境（缺氧环境）之外的空气，因此缺氧场所不可用错呼吸面具。

【条文规定】

10.5.4 在已确定为缺氧作业的场所作业时，应有专人监护，并应采取下列措施：

3 当存在因缺氧而坠落的危险时，作业人员应使用安全带，并在适当位置可靠地安装必要的安全绳网设备。

【安全技术图解】

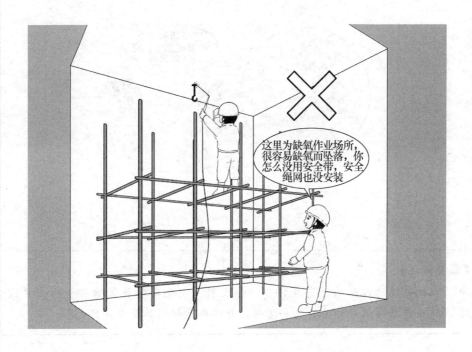

【条文解释】

缺氧场所作业易导致人的判断力下降、意识模糊、反应迟钝等，引起高处坠落的概率增大，为了防止此类事故发生，作业人员应系好安全带，并在适当位置可靠地安装必要的安全兜网等设备。

【条文规定】

　　10.5.4　在已确定为缺氧作业的场所作业时，应有专人监护，并应采取下列措施：

　　4　在每次作业前，应检查呼吸器具和安全带，发现异常应立即更换，不得勉强使用。

【安全技术图解】

呼吸器和安全带都破损了，应立即更换

【条文解释】

　　在缺氧场所作业属于高危作业，呼吸器、安全带等是保障安全的必要设备，作业前必须做好相关的安全措施，并检查防护用品是否完好无损。

【条文规定】

10.5.4 在已确定为缺氧作业的场所作业时，应有专人监护，并应采取下列措施：

5 在作业人员进入缺氧作业场所前和离开时应清点人数。

【安全技术图解】

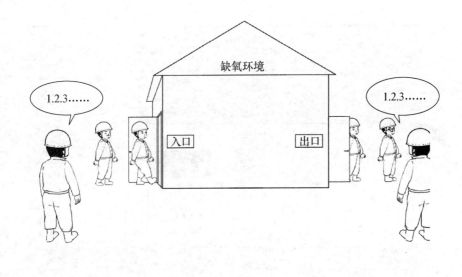

【条文解释】

为了保障缺氧场所作业人员的安全，按照现行国家标准《缺氧危险作业安全规程》GB 8958 的规定，在作业人员进入缺氧作业场所前和离开时应清点人数。

【条文规定】

10.5.6 在通风条件差的地下管道、烟道、涵洞等作业场所，当配备二氧化碳灭火器时，应将灭火器放置牢固。二氧化碳灭火器的有效期应符合说明书要求，放置灭火器的位置应设立明显的标志。

【安全技术图解】

【条文解释】

在通风条件差的作业场所，二氧化碳浓度高时会导致氧气含量下降，易造成作业人员缺氧窒息，因此，二氧化碳灭火器应存放得当，防止泄露。过期或劣质的灭火器本身存在质量缺陷，再加上一些外部因素影响，比如人为操作不当、温度过高等，易发生泄露，降低作业环境氧含量。

【条文规定】

　　10.5.7　施工现场宿舍内不得明火取暖，同时应保持房间通风。冬季宿舍内不得使用电热毯取暖。

【安全技术图解】

【条文解释】

　　在密闭的室内采用明火取暖易引起煤气中毒，采用电热毯取暖容易发生火灾。宿舍内应并要保持房间通风，确保空气流通。

重庆建工第九建设有限公司

九创工作室